不會整理沒關係
揪出收納盲點！
不用收的好家設計

王采元 著

推薦序 |

返本還元

比較認識采元應該是在她的展覽上，溫暖的空間作品加上製程獨特的家具。為什麼說獨特呢？不管桌、椅、凳、板，每一件家具都有她自己的手工再加工，也就是說，在這個連自我介紹都會用到 AI 的時代，采元用自己的手參與了每個創作的過程。像是文藝復興時代的工匠一樣，打磨、拉線或者任何你想到的手工具，她都可以得心應手地使用在自己的作品上。設計師的手是很奇特的，特別在空間或是講究材料的創作中，手取代了眼睛、嘴巴，有時候你甚至會覺得，手是另外一種心動的表情。

正因為設計充滿了不確定性，有時候結果才會如此驚喜。采元自學設計的歷程獨特而精彩，雖然不同於科班出身的設計者，但毫不喪失個性與專業，一點一滴呈現在她的作品當中。常常會在她的案子裡驚覺充滿素人想像的力道，但同時保有著嚴謹而專業的自我要求。自我投入製造的習慣，也讓我對於其作品中的線條、風景、搭配充滿驚喜。有次見她專注的親手雕刻一個案子裡牆上的山型，呈現了類似東方篆刻的觀點與切入點，又讓我有了傳統文人斜槓設計師的錯覺。

采元的新書表達了一種觀點，正如她的人，確實綿密而嚴謹。設計師其實是很特殊的職業，表達自我與創作的面向之外，與業主的關係也會反映在作品當中。撇開商業的雇傭、委託關係，設計師與業主會發展出特殊的情感，一種互相理解的依存。采元對於理解業主的生活有一套清晰的流程，或者說是一種超乎一般的專注。找出客戶生活中的模式、藉由這些模式發展出真正生活的面相，以至於，每一位業主跟著她的步調，好像會再發現另外一個真實的自己，生活的自己、收納的自己、投入空間中的自己。如果仔細閱讀，會發現設計的觀點緊緊圍繞著「人」，可能也是因此，采元作品中的溫暖顯得特別動人吧。

生活充滿了各種想像與挑戰，透過此書，傳遞了對於自我的認知的方法與形塑生活的觀點，也許你從未審視過自己的生活周遭，是時候開始去蕪存菁了。

十彥建築師事務所主持建築師 林彥穎

裝修之前先了解自己

到府工作 11 年，我常常看到很多奇妙的裝修設計，完全不符合使用者的生活，感覺好像全部都是分開的一樣，設計師設計他的，生活上好不好用就不管了，屋主們怨聲載道，「設計師給我設計這個不好用，這個根本放不了東西」、「房子只有拍照那一天漂亮，開始住進來生活之後，就看不出原本的模樣了。」

這一切真的是設計師的錯嗎？不，這是你的錯！如果你不了解自己的需求是什麼？就不能怪設計師的設計不合理，這感覺就像，廚師問你要吃什麼？你說我也不知道，都可以。但事後卻嫌廚師煮的不是你想吃的。

如果你並不知道自己擁有多少東西？就不能怪設計師的收納空間不足，因為你從沒好好盤點過物品，根本不了解自己需要多大的收納量？

如果你只是看到別人的設計很漂亮，就想要依樣畫葫蘆的全部複製過來，即便挑了一模一樣的家具和設計，你沒有對方的審美和生活模式，雜物和生活習慣差，馬上就能讓你的家從樣品屋變成垃圾屋。

認識采元讓我覺得驚為天人，因為他獨到的設計讓所有的收納都變得合理，所有生活的細節、需要收納的物品他都考慮進去了，感覺比屋主還細心，重點是他的設計不只有好看，更多的是好用好收納，所有需要收納的物品都有了自己的家，此外還兼顧了設計的美感，讓家變得好維持好收納，這樣的設計才有意義。

我相信每一個想要裝修房子的人，都想遇上采元這樣貼心的設計師，可惜采元只有一個人且預約滿滿滿。

但她出了這本造福大家，我們可以透過這本書更了解自己的需求，透過這本書學習空間的利用，讓你的家收納更好維持，整個家更舒服。

收納達人 廖心筠

她準到像算命師！

我們家已經有兩個裝潢設計案交給采元了，我們兩家是非常好的朋友，來往將近二十年，照理說我對采元非常熟悉了，但我還是會對她的創意拍案大笑，譬如說這本書裡問了一個問題，「你真的需要梳妝檯嗎？」

這跟我想的一模一樣，我從小就覺得梳妝檯到底是做什麼用，鏡子離我太遠，又不能掌控，我的確就跟采元書裡說的一樣，都是站著化妝、換衣服，甚至我把全身鏡挪到陽台鞋櫃旁邊，這樣我可以看到我全身的樣子，衣服、鞋子、妝容，不搭的地方再跑回房間改動。

我想過一萬次，為什麼更衣間不是在客廳一進門的地方呢？人類這麼長的歷史，都沒有人覺得一進門應該全身換家居服，進入「家」的空間，把外面的公事就放在外面嗎？

果然，真的有人跟我的想法一樣，我看了拍案大笑，心想王采元你會算命嗎！采元的這本書討論了很多「你真的需要這些？」、「你要不要做一個選擇，並且承擔？」的這類，我們從來不會問自己的問題。我們在裝潢家裡的時候，往往是在居家雜誌上挑幾個自己喜歡的樣子，看看設計師過去的案子，然後跟設計師討論，但是我們沒有人問過自己到底要什麼。

因為采元已經設計過兩個我們家裡的設計案，我很熟悉她的風格，前期她會盡一切可能去了解業主，並且花很長時間討論設計圖，她不是要做一個好看的設計，她是要打造一個業主住起來真正好用舒服的空間。她從來不墨守成規，一般人認為家裡需要的空間，她不一定覺得必要，她會勸你要不要再想想。

而每一個不同的人需要如何的空間，她會有完全不同的安排，譬如我媽媽熱愛廚藝，我們家有一個特別大的廚房，工作起來非常方便。我的弟弟也善於烹飪，但是烹飪對於他，是樂趣大過於吃，異國菜式、新鮮風味、漂亮擺盤，而且他喜歡跟朋友分享，一群人來吃飯，吃得開心，是他更在意的事情。因此弟弟就有一個

漂亮的開放式廚房，與客廳相連，沒有間隔，做菜成為跟朋友們共享、一起動手、聊天玩樂，邊做菜邊吃的空間。

儘管采元勇於打破成規，安排出奇的空間運用，但是她又很有法則，懂得節制。譬如說在她的空間裡，必然有等高線的安排，家裡的桌子高度、櫃子高度，絕對不會參差不齊，家中有上中下幾條等高線，家具的高度會根據這幾條線來判定，就不容易感到混亂。平衡的線條帶來一種整齊穩定的感受，給予家中空間一種神奇的安全感。

等高線的講究，在她的傑作「山之圓舞曲」中得到最大發揮，人在家中，有如在山中，屋內家具的幾條等高線，與窗外的山脈線條互相呼應，在家中與山對坐，竟像在山中涼亭賞景，心曠神怡。

王采元畢業於台大物理系，是我最佩服的科系之一，物理系總有神人，究天人之際，理論物理大師尤其令人折服。采元家學建築，有深厚科學素養，我很高興看到她把所思所想整理出書。

看起來這是一本講空間的小書，但我深知小書背後，有采元多年來實務經驗的累積，以及她一生探求天人之理的底蘊。

財經編輯 **胡采蘋**

我的收納設計之道——緣起

記得小時候聽爸爸跟業主談設計，爸爸總懇切地說：「我所做的不是一個住家，而是文化的傳承。一個家要有精神空間，東西不能多。」當時年幼的我不太理解爸爸的意思，回頭看看我們自己家，滿坑滿谷的書，「我們家東西也好多啊 …」直到長大，自己接家教有一點經濟能力了，才開始了解爸爸深刻的用心。

在資本主義消費生活鋪天蓋地的包圍下，我們對於分辨「真實的需要」、「單純喜愛所以想要」、「因為便宜、特價、買一送一所以想要」、「因為有贈品所以想要」、「因為我愛的明星推薦所以想要」、「因為別人有我沒有所以想要」、「因為害怕與別人不同所以想要」、「因為刻意想與別人不同所以想要」越來越困難，家中堆滿了「用不到而丟掉又可惜」的物件，從一開始的焦慮到後來習慣麻痺，人的大腦隨著生活空間被模擬兩可的雜物填滿，慢慢受到影響，在特定面向的思緒越來越遲緩、細瑣如亂麻，有可能影響到家人彼此的生活，甚至傷害情感關係。

做設計二十年來，包含自己與身邊家人好友的經歷，我又覺得人生好難，每個人都不容易，在外面對現實的一切磨難，對身體與精神的消耗已經夠辛苦了，「家」應該是一個溫柔吸納、安全放鬆的所在，以大多數人的消費習慣而言，與其一昧要求斷捨離、以身作正，我更希望能有多一點體諒、包容，提供多一點幫助，讓不同個性與習慣的人，都能較輕鬆地面對家中收納課題，以合作取代互相責難，攜手致力於居住空間的共好。另外，這十幾年來的觀察，我也發現每個人真的如此獨特，生活習慣、偏好、在意的面相與細節差異之大，絕非「一招半式走天下」就可以解決收納困擾。總合以上，才慢慢彙整出我們工作室獨特的需求會議，耐心深掘每一個家庭成員——從體型到生理狀況，從個性到生活習慣——各層面的需求。

我常跟業主說：「在你看來越細瑣普通的小動作、習慣，越是我做設計的重要養分。」、「現在想不到沒有關係，回到現有住家生活中，只要遇到覺得不順手的地方，就要記得寫下來寄給采元。」、「所有不在櫃子裡面的物件，包含地上、椅背上、餐桌書桌上、沙發上，這些就是需要收納的目標物件。」反映在設計案中，業主家庭成員越能各自獨立完全呈現、分享個性偏好、生活習慣，我的收納設計就越成功，經得起時間的考驗。

收納沒有標準答案，別人好用也不見得適用於你的家，還是需要開誠布公面對自己的個性、偏好與習慣，才能找出最適合自己的收納設計。

目錄

Chaprer 2 使用行為決定收納的設計

「對話錄」Dialogue

國立陽明交通大學建築研究所教授
龔書章 × 王采元

設計是生活價值的表現

王鎮華老師、魏浩揚老師與龔書章老師是我自學建築階段影響我最大的三位老師，其中龔書章老師在 2011 年介紹薛伯輝基金會執行長蔡瑛珠女士給我，讓我完成了少數非住宅的設計案件，與蔡姐的情誼更是十幾年如一，非常難得。

這二十年，龔老師看我一路走來，他了解我，始終給予我很關鍵的鼓勵，這本書能邀請到龔老師與我對談，眞的感到非常幸福。

王采元（以下簡稱王）： 一開始撰寫這本書的時候，我就希望可以跳脫以往談論收納的工具書形式，而是著重業主的行爲、了解業主的個性，也希望業主要面對自己的生活與內心感受，龔老師您是如何看待這個議題呢？

龔書章（以下簡稱龔）： 我覺得這本書與其說是收藏機能的工具書，還不如說是一種生活價値的表現。大部分的室內設計或是家都在談風格、談空間的形式；可是最重要的，其實應該是讓業主能夠了解他自己的生活價値觀、生活習慣，以及他跟家人之間的關係。以我從事設計這 30 年來，每一次接到案子，我認爲應該稱之爲「一起做設計」，而不是幫他做，但業主多半不了解「一起做設計」的意思，剛開始總以爲只要交給設計師就能夠解決他的問題，可是實際上並非如此。這點我們的價値觀是接近的，設計必須是邀請業主一起來了解他們的生活該如何被呈現出來，以及能更體現、接近他們內在的生活觀。我認爲它不是一個生活習慣，而是一個生活價値！這是我認爲這個本書——對我來講——比較重要的，它不能只是當作工具書來看。

王： 非常贊成老師所提的觀點，因爲我在談的其實都跟心有關、實際生活有關、跟價値觀有關，所以我其實希望這本書是著重在每個人要回去面對自己的生活、面對自己內心的感受，像我跟業主溝通的時候也非常在意眞實性，一定要求面對面開需求會議，才會挖掘出很多藏在深處的問題。

龔： 其實我覺得你應該是一個很容易能引導業主重新思考生活的人。不管是角落的收藏物件、元素，如果能呈現當初是從什麼樣的生活對話開始，反而會改變他對於原來每個生活角落的想像；所以我認爲當業主決定要整頓一個家的時候，只要跟一

位好的設計師對話，就更能讓他了解自己的生活。其實我覺得這是設計師的道德，而不是設計師的能力，也不是設計師的品味好壞；它是設計師的某一種對專業價值的道德觀。也就是說你幫一個業主設計一個屬於他自己一個家，真正的核心價值和理念是什麼？你想要讓業主住在這個家，他能夠為他自己了解什麼事情，或創造什麼生活？因為終究住進去是他不是你，設計師不能只是在表現作品的風格而已。

舉例來說有些人晚上會醒、但有些人一夜好眠到天亮，也有些人完全不需要燈光、有些人則習慣開著小夜燈才能入睡，這些都是非常細微的生活理解。也如同你在書裡所提到的，女生出門化妝是正襟危坐？還是很快化完妝、但更在意飾品搭配？或是出大門那一刻才是最重要的決定，而不是在「化妝室」或者「更衣室」的問題。因為每一個人的習慣都不一樣，如果設計師沒有用這樣的方式來溝通和理解，業主總是沒有辦法感覺到自己平常的生活性和特殊性。所以好的設計師不只是解決業主問題，而是讓業主發現自己的生活習慣、生活價值觀。

其實人有千百種，可是真的變成一種生活價值習慣，搞不好都有一些共同性，就是你提出來的東西是會有共感，那個共感是縱使不一樣的人，他也會對這件事情有一種相同的感覺，他會說「哇，原來我也是常常在碰到這個問題！」這個是我在看你這本書，我覺得更重要的的事情，所以你會問很多問題，「你回到家後踏入玄關會做哪些事？」、「你的椅子是在哪些狀況下使用？」、「你的櫃子會放哪些物品？還有什麼用途？」這些問題並不在於業主能收藏多少物件，而是他的生活習慣，我覺得這是蠻重要的。

王：而且我認為平面配置應該可以讀出那個家庭組織的關係，甚至業主的個性，老師又是如何解讀？

龔：現在看到很多作品，幾乎長得都一模一樣；如果說是風格上一模一樣，我並不在意，可是如果是平面、空間配置都一模一樣，那就真的有問題了！因為大家的生活不會是那麼一致，其實是很不一樣。我自己的信仰是「平面是生活的最核心」，其實畫完平面圖，大概就可以看到家裡面的成員，有的是二個人、有的是一個人、有的是一家人，有一些重要的「生活元素」是會在平面上說話，應該說從好的平面就可以讀出所有的生活。

平面，我個人認為是最能表達並改變生活的核心，但也最不花錢的設計。也就是說同一個平面的設計，不論業主花了一坪 3 萬或 6 萬、10 萬的住家，並不會影響這個平面配置，對於如何回應或創造業主某一種生活的解答；也許業主原本並不清楚自己的生活，但藉由設計師的平面和整體規劃，能真正改變了他的生活、改變他跟家人的相處關係、改變工作狀態、甚至是生活模式，這才是最重要的。然而，現在許多住宅設計，幾乎不是從平面開始探討，而是看外在的風格和形式表現，抑或是多數平面都被統一、標準化；這雖然不見得不好，但卻沒有辦法更進一步回應業主的個性和生活。對我而言，相較於其他在設計上討論最後材料、工藝、技術等呈現出具有溫暖或是感知的氛圍，你的這本書所要解答的其實是生活習慣、生活價值和業主個性特質。

王：沒錯，所以這本書想呈現的是關於行為的部分，而不要被傳統觀念困住，變成只是在講一種類型，衣櫃可以有哪些類型。所以才會用 point 去引導案例，而 point 都是在談論行為。

龔：我覺得挺好的！我認為所有家中的生活行為，其實不見得一定是在哪個空間才能定義的，不一定就是客廳、餐廳、臥房等固定的生活模式；反而很多行為會打破這個空間的定義，然後可以讓這個空間產生更多的可能性或更多的生活性，甚至可以發生在更多的角落、空間裡面，都是有機會發生的，而不是我們目前一般對家的單一想像，一定會有開放性客廳和沙發、客廳後面有個書桌的開放書房等，我想應該不是只是這樣子的想像而已。

這本書慢慢的開始展開各種不同族群和世代的生活觀、各種不同的家庭居住和工作的關係。我們清楚地知道家庭是會隨著時間而成長的、家庭結構也是會變化，比如說人到一個年紀以後，就可能會分房睡，分房睡不見得是感情不好，而是生活習慣的不一樣；而且這個生活習慣是非常根底的、不容易會改變的，完全是每一個人個別身體的精神狀態或者是睡眠狀態，最後你會發現我們對業主的理解，完全不是在談三房兩廳這件事情，而是在談誰在什麼不同時間和狀態下，可以自然且舒適地擁有這個空間；因為擁有空間感對一個在家生活的人是重要的！

尤其很多家庭主婦，長期壓力要帶小孩，比較幸福的可能有保姆幫忙，可是縱使有保姆或助手，她也沒有自己的生活角落，沒有屬於她自己的地方。我感覺你特別可以幫業主處理這個問題，因為要理解這個問題必須對人要付出關心、對人性要有共感、你要對人與人之間要有一點興趣、你要常常可以進入各種不同人所處的狀態，然後你才有辦法理解一個女性、一個小孩或者一個正在升學的青少年、或者一個接近走向老年的人，他們要怎麼樣擁有他自己的空間？我覺得從更深一層的層次來看

你這本書，其實就是這件事情。這本書，我個人覺得你是用空間來回應人的這些內在的、內心的、嚮往的，或者他自己嚮往可能他自己不知道、說不出來，更或者他習慣於一般生活以後，根本就沒發現了，等你問他的時候，他才說「啊，對啊！我的生活是這樣的，原來我需要的是這個空間。我怎麼不曉得當初跟你講的東西，其實不是我心裡要的；是你問我這些生活細節、我才知道真正需要的是這個空間啊！」

我認為最專業、最好、而且對人有興趣的設計師才能設計一個好的家。做一個設計師，尤其是空間的設計師，空間真的可以解決很多生活和人生的問題，這是我們的信仰。很多人說人的行為就是行為，他在家庭關係就是家庭，空間是空間，為什麼把空間扯到這個？可是身為一個空間設計者，我個人認為空間是可以面對這個事情，而且可以解決和創造這個事情的。可能不能 100% 解決，可是絕對可以當作一個觸媒或介面，來解決部分自己或家人嶄新的生活想像。

我個人覺得你寫這本書寫出來，可能業主的共鳴更多，而設計師卻不一定可以完全理解這個事呢！因為這種對生活的溝通和理解，設計師必須要設身處地用自己的生活放進去思考，才能獲得真正設計的解方。如果設計師和業主只是討論「啊，那我來完全照抄這個櫃子的設計！」那就完全失去了這本書想要提出來的意義；因為這書裡面的每一個設計會隨著各種不同的人、不同的家庭而有所改變。卽便是同樣一家人也會隨著世代的成長，比如說小孩從剛生出來到高中畢業要離家之前或離家之後，那個家是會改變的。就像我也會常常問業主：「現在這樣做，但 15 年後你的孩子就會長大離開家？」、「現在要幫爸媽留一間客房，可是現階段根本用不到，但當他們回來的時候，或許是二個人、也可能剩下一個，身體或許也開始出現狀況，那該怎麼辦？」

所以真正的問題點，可能不在於禮貌地幫長輩預留父母房，而真正會發生的重點常常都是在長輩身體年邁無法自理或者其中一方已離開的時候；而那個階段可能是 10 ～ 15 年後的事，這個家當下和未來要做哪些準備，更顯得非常重要。

王：很認同老師所說當下與未來的準備很重要，也因此我一直以來都會幫業主做成長計劃，預留以後可能產生的變化。

龔：對，這才是重要的，可是不見得所有人可以理解這個事，或者你講到了他就會說「哇，對！」如果你好好提出這些想法和方法，從來沒有人想過，連設計師也都沒有想過。我覺得你剛剛提到的家庭成長計劃、人跟人之間的關係、以及如何想像來打開這個空間的界限，然後把讓空間變成一個觸媒，讓人跟人之間有個緩衝、有個媒介，我覺得這都是你這本書最核心要討論的事！

1

收納觀念大突破

1 | 只是想要做個收納櫃，跟我的個性有什麼關係？

「請試著簡單描述你的主要個性與優缺點」。

在我需求單的最開頭就有這樣一條提問。幾乎所有人看到都無法理解，只是談我們家的需求，跟這有什麼關係？

試想一下，若家中主要家務擔當者是大而化之的慢郎中，而另外一半是動口不動手、注意細節的急驚風，如果沒有方便順手的分區收納設計，光是購物回家後的歸位問題就吵不完；即便是共同分擔家務，粗線條的急性子，倘若另一半是細膩敏感的慢動作，輕重緩急的判斷差異，缺乏收納空間再加上萬一家中動線不良，同樣也會爭吵不休。所以了解居住成員個性與優缺點真的對設計者來說是很重要的線索。

釐清彼此需求很重要

有趣的是，觀察每個家庭的回答時，家庭成員彼此間是否能尊重各自的陳述、或在陳述自己的部分時不自覺變成在指責對方，對我來說都是很重要的指標。需求會議雖然是讓我理解業主居住的需求，但同樣也是業主釐清自己與家人「真實」需要的關鍵時機，倘若只是帶著過去生活成見的「固定眼光」在「認定」彼此，往往還沒釐清就已經吵起來了。因此尊重各個成員自己表述的時間，不分年齡、個性、平常是否很勇於表達意見、是否習慣自己做決定都無所謂，需求會議上每個與會的成員都必須獨立回答我的每一條問題，當其他家人想打斷代替本人回答時，我都會微笑提醒「請先讓他說完」。

日常的居家歲月，每個人在事業、家庭、人際、生活中拼搏，可能從來沒有機會或心情停下來聽聽家務主要擔當者的困擾、反應表達皆需要時間沉澱者的壓力、如同八爪章魚身兼數職行動派的無奈、或是那個剛從溫順小兒進入青春期，渴望試著表達自己的孩子那份「獨立」的欲望，我的需求會議希望「聽見」每個人的聲音，也邀請家庭成員互相聆聽，當成見放下，為彼此留出空間時，其實會發現

「蛤？！原來你是這樣想的？」、「結婚十幾年我都不知道耶！」、「你怎麼從來沒有說過？」，而這才是真正「釐清需求」的開始。

2 | 不過就是一點小東西，用用掉就沒了，有那麼嚴重嗎？

這二十年來接觸過非常多業主，不論有沒有順利進入正式接案，都會先進行需求會議。在了解業主全家人使用習慣時，經常會遇到一種狀況：

「請問一下餐廳有什麼特別要收的東西？」
「沒有吧，就餐桌啊。」
「有！藥品跟零食都沒有地方放…」
「哪有！？那還好吧？」
「什麼還好！？平常都是我在收，你沒收又不知道。」
「那種小東西一點點還好吧…有那麼嚴重嗎？吃吃掉就沒啦！」

生活中充斥繁瑣的「小事」，這些細節只有「家務主要擔當者」才會知道，不實踐的人是沒有感覺的。

沒有做菜
不會知道廚房動線規劃很重要、不會知道工作檯面只有越多越好、不會知道工具放在順手處可以多省時間。

沒有整理廁所
不會知道排水管多容易阻塞、不會知道浴櫃下方如果懸空不夠高多難清潔、不會知道玻璃多難擦（當然這部分也跟個人對細節的在意程度有關）。

沒有洗衣晾衣收衣
不會知道多久需要洗一次衣服、不會知道髒衣籃要放幾個比較好用、不會知道工作陽台需不需要水槽、不會知道工作陽台需不需要工作檯面、不會知道衣物整理多需要一張桌子。

沒有收拾習慣
不會知道發票、收據、集點卷怎麼收拾最方便使用；不會知道每次看病後的藥袋、家中常備藥物、保健食品怎麼收拾才不會凌亂；不會知道信件、繳費單在還沒處理前，該放哪邊最不容易忘記或找不到；不會知道熱鍋墊、杯墊、餐墊收在哪裡最順手。

尊重家務擔當者

通常我都會溫和而堅定地緩停夫妻的爭執：「不好意思，請問家中誰是主要家務擔當者？關於收納，我覺得要尊重家務主要擔當者的意見，畢竟平常在做的人不是你，總不想好不容易裝潢好卻被唸一輩子吧…」

坐享其成的家庭成員已經身在福中了，平常就算因為各種真實理由無法分擔，至少在室內設計時尊重家務擔當者的需求，最好還能趁機重新檢視家務分擔。家是大家的，孩子會長大，如果永遠家事都是「他／她」的事，怎麼期待教出主動分擔家務的孩子呢？

家是生活的容器，也是人最真實精神的展現。父母尊重孩子，夫妻尊重彼此，孩子自然從身教中學得尊重與付出。讓我們就從主動分擔家務與尊重家務主要擔當者的需求這兩件事開始做起！

3 ｜「斷捨離」之必要

說到收納，這幾年最流行的就是「斷捨離」！常常在設計會議中，都會聽到業主夫妻要求彼此「斷捨離」：「你那麼愛買，家裡又用不到，是不是應該斷捨離一下！」「說我！你自己書那麼多，也不看，才應該斷捨離！我買的都是家裡萬一急用需要的東西，到時候沒有還不是來跟我說！」

比起斷捨離，「選擇」與「承擔」更重要

在「斷捨離」之前，我比較想先來談談「選擇」與「承擔」。每個人個性不同、從小到大的成長經驗不同，面對不管收納甚至生活，其實真的沒有簡單又快速的「標準解法」。有的人是大而化之的急性子，目標明確，不喜歡複雜，「斷捨離」出自內在的澄明清朗，真實面對自己，純化生命的特性剛好與自身個性一拍即合；但對於心思敏感細密、重視細節、節奏較慢或是處理內在情感需要較多時間的人來說，每一段回憶、每個物件都有意義，「斷捨離」的時間也許拉得很長，是以十年或二十年為一個單位，所以當太粗暴地簡化「斷捨離」，變成只是一個有壓力的「行動要求」時，很容易流於形式，好不容易搬家斷捨離痛苦一次，結果沒幾年，家裡再度堆滿東西。

但如果是從「選擇」與「承擔」來討論就不一樣。我常常覺得人生很難，每個人真的都不容易，家這樣的空間，還是需要多一點身心的餘裕。在都市忙碌工作中的我們，住家空間就這麼大，一家子個性迥異的人住在一起，我們面對他人的需要，同時也面對自己的需要，「我到底該如何選擇？」

根據業主個性需求，提供輕重緩急取捨方案

我通常在需求會議會幫業主梳理出「輕重緩急」：「對你而言，空間就這麼大，是要重點滿足生活備品的收納還是衣服的收納？優先考慮藏書的收納量還是 CD 的收納量？這麼多的包包跟鞋子，但玄關空間就這麼大，要著重在哪一類物件？」有趣的是，人說的與心裡想的，常常有距離，因此我會在平面草案中，依照家中每個成員的個性與需求，做出輕重緩急不同取捨的方案。因為方案間彼此差異夠大，所以可以激發出居住者更深層的心聲，面對自己內心真實的想法，經由平面草案的充分討論，做出共同的選擇。

接下來，最重要的事情就是承擔自己選擇的結果。

家的面貌沒有標準答案

既然輕重緩急已經釐清，全家人都坦承相對了，那麼就要在漫長的設計施工階段消化自己選擇帶來的結果，每個人以自己舒服的方式與步調，實踐自己的選擇。

家是生活的積累，面貌百百種，清爽極簡只是一種風格，有些空間，即便堆滿生活物件，但每個品項都是精挑細選、排放亂中有序、整體風格協調，往往空間氛圍更顯溫暖而令人放鬆舒心。對我來說，「斷捨離」是內在的修煉，至於由內而外實踐的程度與方向，其實真的沒有標準答案。

4 │ 儲藏室才是收納救星？

討論住家規劃時，常常會遇到業主要求在家中設立儲藏室。「有儲藏室才好收啊！」「不然東西都沒有地方放，有儲藏室就可以解決我們的煩惱了！」每次面對類似的情況，我都會提出下列問題：

・家務是全家人一起分擔嗎？
・家人習慣物歸原位嗎？
・若有主要家務擔當者，善於分類整理嗎？
・會容易忘記自己的分類嗎？
・承接上題，就算會忘有習慣用標籤輔助嗎？
・喜歡依照自己的分類，找尋喜歡的收納形式？還是比較喜歡用別人設計好的方式，一個蘿蔔一個坑收好？
・喜歡定期大整理，根據不同階段、心情換位置？還是習慣固定的位置，不隨便更動？
・習慣大量囤積備品嗎？還是需要才購買？
・會因為「以後也許會用到」的心態，習慣收特價品或別人出清的物件嗎？還是習慣等需要時再選自己真的喜歡的？
・斷捨離對你來說很困難嗎？
・很容易猶豫不決嗎？
・從工作到生活，習慣分出輕重緩急嗎？

分區收納更適用多數業主

儲藏室其實是一個人收納習慣與個性的總體大考驗。很難斷捨離、因惜物而習慣拿二手物回家；會因為臨時事情一打斷，就把手邊東西擱著，然後就忘了歸位；或很容易忘記自己的分類，而導致每次都要全部翻找一次……這類型的使用者，儲藏室很容易成為家中的「黑洞」。要用的時候永遠找不到東西，就算知道收在哪，卻因為堆放物件太多或堆放方式不良，導致無法即時取出；放了太久根本忘記已經買過，因而導致重複購買……久而久之形成惡性循環，想到儲藏室就覺得困難，失去使用的動力，最終便成為一年整理一次的驚喜房。

而通常能善用儲藏室的業主，個性較明快有條理，習慣以輕重緩急的優先順序整理生活與工作；對每一件要進入家中的物品都很謹慎、每個生活物件都有自己習慣的分類方式、喜歡按自己的想法找尋適合的工具安排收納分類、愛用標籤輔助整理、會隨手物歸原位。這類型的使用者能充分發揮儲藏室自由的特性，定期斷捨離，整然好取用。

以我過去的經驗，分區收納對大多數人來說是較實際有效的方式。依各空間常用的物件大小、重量與使用特性，來安排適合順手的位置作收納設計。因為順手，所以較容易物歸原區；因為分散收納，所以不用太深太大的櫃子，東西隨便放也清楚可見，比較不會層層疊疊找不到東西。

依據業主的身高體態、慣用手，不同重量、大小、使用頻率的物件，去搭配各種不同高度、寬度、深度的開架或門櫃，活用耐久方便取得的五金，考量容易拿取的方式，盡量做到一目了然，是我對收納設計的要求。
相信我，儲藏室絕對不是最好的收納萬靈丹！

5 | 客廳主要就是電視櫃、沙發跟茶几，沒什麼地方能收納

寬敞的客廳，氣派的電視牆、漂亮的 L 型沙發搭配或圓或方的大茶几，幾乎是所有建案照片或 3D 模擬的標準組合，但對我們中產階級而言，在大台北地區 20～30 坪的現成房型中，客廳深度普遍在三米到四米之間，而且大多與餐廳合成一廳，電視櫃、沙發、茶几、餐桌放下去，空間幾乎動彈不得，也沒有太多收納機能。

與其在現有的框架下掙扎客廳家具的選擇，我通常會建議業主與家人討論看看「生活的理想樣貌」：作為家中最核心的公共空間，大家希望客廳的氛圍是什麼？電視有那麼重要嗎？全家人各自希望哪些行為在客廳有機會發生呢？

重新定義公領域功能

以我為例，從小我家客廳就是爸爸的書房，二萬冊的書牆圍繞餐客廳。沒有電視，餐桌是我的書桌、也是會客桌，客人來也許圍著餐桌坐、也許席地而坐，完全依聚會特性與人數決定使用方式，非常有彈性。一直到開始作設計，才驚訝於大多數家庭對客廳都只有一種固定的想像，深深覺得可惜。每個家庭都有自家人專屬的氛圍，不管是以客廳為中心、餐廳為中心、廚房為中心甚像像我家是以書房為中心，重點在人。當客廳不一定要沙發、不一定要電視、不一定要茶几，你會發現空間得以舒展，多了更多可能性。一旦看見那屬於自己家人的樣貌，確定了需求，就能在整體設計中創造適合的收納。

沙發可以是收納家具

可能因為家人動過脊椎手術的關係，我很在意坐具姿勢對人體的長期影響，撇開對腰椎傷害很大的「陷入式」沙發不談，量體感很重的沙發也對空間影響很大。要滿足個人覺得舒適的坐感，其實有太多沙發之外的選擇。除了選購特色單椅外，有收納功能的座椅平台其實是不錯的選擇。25 公分高的收納平台，抽屜內高度可以爭取到 15～16 的空間，不管是放樂高零件、畫圖紙、桌遊玩具、或伸展運動小工具，其實都很好用。上方可以訂製 20 公分厚的沙發坐墊與背靠墊，依照身體需要選擇適合的軟硬度，既舒適又能收納，還可以與設計整合，一舉數得。

茶几可以是彈性功能的一種可能

放杯子、手機或放一盤零食，也許只需要一個小檯面，可以是一個凳子、一張小邊桌、或是沙發側邊的一層書架；若習慣坐在沙發上就著茶几用餐，可以請家人拍下用餐的姿勢，其實茶几一般高度過低，長久來說對脊椎真的不好，而且看電視吃飯易消化不良，若家中有孩子也會影響孩子的用餐習慣，若能藉著不放茶几調整自己習慣也是挺好的改變；而不放茶几空出的區域，平時不管做做伸展、瑜伽、或陪孩子拼樂高、偶爾搭個帳篷，都是非常好的娛樂休閒空間。

針對需求整合出客廳主牆的設計

書牆、偽裝成分割牆板的儲藏間或是與電視整合的整道收納櫃門，依照空間特性與業主需要收納的物件特性，客廳主牆有太多種變化，永遠沒有標準答案。

6 | 餐廳不就是放張餐桌而已嗎？要收什麼？

我遇過許多「非主要家務擔當」的業主都覺得餐廳沒有需要做收納，一張餐桌搭配餐椅，需要的時候衛生紙、熱鍋墊、電陶爐、常用茶杯、杯墊、飲水壺、飲料、牙線、餐具、日常健康食品與藥物、零食似乎都是自動出現在餐桌上…。

順手好歸位的收納

因爲不需要費心收拾，不代表這些細瑣的生活雜物不存在，事實上，對於家務主要擔當者而言，這些正屬於數量龐大並且需要方便取用、順手好歸位的收納物件。加上各家有各自餐廳需要的特殊收納習慣，有的偏好將飯鍋、電子鍋放在餐廳；有的需要客用備餐檯，當隔天有客人來訪時，會準備好請客專用餐具；有的偏好將茶水區放在餐廳，以降低廚房進出的次數。倘若住家廚房空間有限或者是開放式廚房，餐廳還可作爲廚房電器區的延伸空間，甚至有人喜愛將中島彈性作餐桌使用，變化更多。

每個人有獨特的個性、習慣、成長過程、工作經歷…生活與看事情的角度不同再正常不過了，如何理解自己、接納不同的角度、開闊自己的心胸，同時對已知 /未知保留空間，我真心覺得非常重要。

生命太多問題都不是是非題，裡面有各種複雜的角度與層次需要面對、沉澱，如果我們自己不喜歡被別人強加論斷或認定，那也請多多傾聽家中成員的想法，尊重家務主要擔當者真實的需要。

7 | 廚房做封閉式比較不會亂？

在傳統的觀念，廚房就是媽媽的地盤。角落的門，一字型的廚台，多半連通到狹長的後陽台。而從那間小小的、悶熱的、充滿油煙噪音的空間，媽媽端出一盤盤，所謂「家」的料理。

近十年來，開放式廚房逐漸成爲顯學，好像找設計師卻沒做開放式廚房就不叫「有設計」，在傳統的封閉式與新潮的開放式，到底該怎麼選擇呢？

以下提供幾個思考點，關鍵並非單點的結論，而是所有點綜合下的結果，再去衡量廚房的開放程度。

1. 烹調方式與頻率：一週下廚幾次？一次做菜的量？習慣大火快炒、偏好煎、油炸？還是善用電鍋、蒸烤箱、氣炸鍋或其他調理設備？
2. 備菜習慣？使用廚房的習慣是一邊做菜一邊收拾？還是全部煮完再一起收拾？
3. 有沒有習慣每餐煮完順手清潔廚房檯面與地板？
4. 有沒有順手歸位的習慣？是吃完飯就會清理乾淨廚房還是會拖到煮下一餐前才清理廚房？
5. 家人對氣味敏不敏感？會不會討厭聞到鄰居煮飯的味道？
6. 有沒有習慣用洗碗機？
7. 愛不愛買碗盤鍋具？廚房主要使用者是否擅長收納？
8. 有沒有潔癖？
9. 想不想要親子一起烹飪？
10. 廚房主要使用者跟六歲以下幼童主要照護者是否爲同一人？
11. 家中只有一個大人照顧一位以上幼童的時間比重高不高？

從料理習慣、照護家人需求程度決定開不開放

綜合以上，如果高度習慣大火快炒、不用電器輔助作菜、每天下廚兩餐、一餐準備三到四盤菜、沒有習慣隨手收、會堆到下一餐再整理、家人很討厭油煙味 / 有潔癖，那當然比較適合封閉式廚房；若烹飪習慣沒有固定、可蒸可輔助電器、習慣用洗碗機、邊煮邊收、家中廚房主要使用者經常需要同時照顧六歲以下幼童，

那我強烈建議用開放式廚房，而且動線要方便照顧孩子，如果擔心偶爾油煙較大可加設彈性全關的橫拉門，這樣不管任何情況下使用都很方便。

廚房常是一個家真正的溫度所在，記憶中的味道伴隨一生，真的值得更細膩的對待。

8 ｜ 主臥就是應該要有梳妝檯跟更衣間

這二十年有許多業主一開始都會提出梳妝檯跟更衣間的需求，似乎是主臥女主人必備款，缺一不可。但在經過充分釐清使用習慣與行為模式後，絕大多數的業主最後都發現其實梳妝檯與更衣間只是存在成見中的既定印象而已。

梳妝台不一定要在臥房

兩個問題可以快速檢驗化妝桌是真實需求還是成見需求！
「請問你平常化妝嗎？」
「請問你是習慣站著化妝還是坐著化妝？」

會開始問這個問題，主要是因為我自己是不化妝的人。對我來說，比起主臥化妝桌，我更需要一張客廳旁的大書桌，加上一直以來跟女性朋友聊天、或有時去找朋友觀察她們化妝，我發現很多女生是站著化妝的，主臥梳妝檯常常堆滿了雜物，完全失去做為一個桌面的功能，所以我才慢慢發展出這些問題，來檢驗業主是否真的需要化妝桌。

平常不化妝只保養的、保養瓶瓶罐罐很多 / 很少的；習慣站著化妝要靠鏡子很近的、習慣坐著化妝需要自己控制鏡子距離的；化妝速度在三分鐘以內解決的、化妝搭配首飾要處理半小時以上的；總是趕在出門前一刻化妝的、一定要穿好衣服化好妝再搭配首飾的；習慣化好妝就物歸原位的、永遠來不及收拾好瓶罐就得趕著出門的；面膜備品超多的、口紅顏色整排選的…以上每種習慣都對應到不同的化妝區設計，有的甚至不該設計在主臥，而該在門口。

沒有統一的標準答案！要相信自己的獨特性，了解自身實際的偏好，才能提供專屬自己的需求，讓設計師為你量身打造出適合的化妝區設計。

坪數有限，更衣間不見得好用

很多人夢想的更衣間，在坪數有限的前提下，其實常常會變得很難用。因為更衣間除了衣物收納之外，還多出了「動線」，一間太小的更衣間往往在門開啟後，

考量進出轉身必須的最小尺度，能收納衣物的區域就變得很小，在每天真實使用的考驗下，最後往往成為永遠關不了門、人也很難進出的巨型堆衣間，也失去了更衣間原本的意義。

一字排開的衣櫃，雖然無法像更衣間有那麼好的私密性與換裝的舒適感，但搭配在整體規劃完善的小臥室，其實實用性更好、收納量更大。如果還能搭配外開式的衣櫃門片，門後貼好整面穿衣鏡，雙門對開時，便成為可以照前後全身的更衣小間，不是比勉強擠出的更衣間更靈活有彈性嗎？

9 ｜ 小孩（不管幾歲）要有自己的房間才好

這題思考的面向太廣，此篇討論的層面僅限當住家坪數有限時的斟酌，提供給在坪數壓力下掙扎的朋友們參考。

在意隱私、百歲教養派建議一人一房

我覺得這題要從家庭基調與幾個時間軸來綜合討論，若是強調個人主義、非常在意隱私、教養方式偏向百歲派、或小孩都已達青春期且性別不同，的確是需要一人一個房間，那在購屋時就要找尋適當坪數的房子，千萬不要覺得設計師是魔術師，可以在 20 坪硬擠出寬敞三、四房作使用，還兼顧舒適的客餐廳空間，勢必要在空間大小、彈性使用上作出取捨。

孩子 0 ～ 6 歲，彈性臥舖更實用

若家庭氛圍是強調分享、親密的，平時全家人可以一同做事、寫作業、看書，希望孩子盡量不要躲在房間上網，那「房間」這個議題在孩子不同階段真的有很多種不同程度的處理方式。

若不是百歲派教養法，孩子大概都會與大人同睡，而且也許到小學二三年級後才能慢慢接受睡自己的房間。長達也許 5 ～ 10 年的時間，若特意擠出一間小孩房，大多會淪為儲藏室，然後在小孩需要房間時，又要面臨一次東西太多不知從何丟起的痛苦。但以雙北市的房價，我始終不能認同這種「預留」的方式。好不容易買了房子，卻為了也許 8 ～ 10 年都用不到的小孩房，硬生生讓最需要親子相處階段的公共空間被壓縮，對空間跟家人來說都太委屈了。

彈性可開關的臥舖平台，在小孩還小的時候是遊戲午休室，最好面對客餐廚全開放，讓主要照護者跟孩子都能輕鬆地看到彼此。孩子隨時看得到爸媽，有安全感，自然比較有機會自己探索自己玩，不會一直黏在主要照護者身上。而當有居住需求時，利用隱藏的橫拉門或折門控制隱私，即可成為一個獨立的房間。這種彈性的臥舖空間，因為與公共區域相連，可增加客餐廳的開闊感，搭配整合過的水平高度收納設計與合適比例的家具，可以有效讓空間感放大，而居家空間開闊，心

情自然能放鬆。

我通常爲家中有 0 ～ 6 歲孩子的家庭設計空間，一定會爲這種臥舖空間準備成長性空間改造計畫，將日後若需隔成房間的位置預留好，讓空間也能跟著孩子一同成長，階段性的變化，整個家伴隨孩子成長／空間改造，準備好蛻變的心態，是很珍貴的印記。

若勇於挑戰「習慣」的人，也可以試著重新檢視「隱私」的層次，也許不是控制在一人一間房，而是退到睡覺的「臥舖空間」：150 ～ 180cm ＊ 200 ～ 240cm 的大小。裡面還是可以有小平檯跟衣櫃，但主要做事回到公共區域，這也是一種可考慮的方式。

孩子 7 ～ 22 歲 (同性別)，可共享一房

國小到大學，孩子會越來越偏向同儕，也會需要自己的空間（心靈與實際都需要），此時「房間」的必要性跟小孩個性、家庭基調、家人相處模式以及 0-6 歲的成長模式高度相關。雖然很少見，但我還是遇過能接受兩姐妹（兄弟）睡上下舖直到成年的家庭。

孩子出社會工作，走向獨立

爸媽永遠都想爲孩子留一間房，這心態在我自己當媽媽之後完全能懂。但若空間坪數眞的有限，若孩子實際回家過夜的頻率眞的不高，一個彈性可關的臥舖區是值得考慮的選擇。眞誠愛自己，離家工作的孩子也會比較安心。

從小到大我沒有自己的房間，跟大我九歲的姐姐一直睡上下舖到大二，大三到結婚前更是與家人一起睡通舖，「房間」對我來說一點都不重要，因爲我覺得全家都是我的。在餐桌上寫功課做勞作、趁我爸外出時大冒險挑戰用他的書桌看書、去主臥翻滾跳躍（離開時一定要復原好才不會被發現），睡覺怕黑時永遠有姐姐陪。當我同學可憐我沒有自己的房間時，我反而可憐他們只有自己小小的一間…很多人認爲要有自己的房間才能發展孩子的「個性」、「獨立」、「負責」，其實眞的跟實體空間沒有絕對關係，關鍵還是在父母對待彼此與對待子女的態度、身教與如何面對人生每個階段的考驗。

當家庭氛圍是信任、尊重、開放、溫暖的，是可以犯錯的，是爲彼此留出空間的，「房間」絕對有許多不同程度的做法，值得全家好好討論。

10 ｜ 要裝潢新家了！
現有家具到底該不該搬過去呢？

身為一個鐵桿租屋族，在念舊、環保、省錢跟收納之間掙扎，這種心情我很了解。
我自己家的家具大多是剛結婚時買的，跟著一起搬三次家，如今也用了快二十年。
如果你選購家具具備以下條件，並且在選屋時有準備好以下心態，現有家具的去
留問題就會明朗很多喔！

選購〔跟著我一生的家具〕必備條件

萬用尺寸：不能以現有租屋空間的尺寸來挑選家具，因為日後換的房子可能大也
可能小，所以 60cm、90cm、120cm、150cm 這種萬用尺寸就很適合，甚至是可彈
性拼組改變長度的家具更好，從 20 坪到 50 坪的租屋空間都能適用。

耐久的好材質：時間越久越好看的材質，如實木家具、皮件、金屬件，要伴一生
的家具當然不能買便宜貨。

家具間彼此要能耐看的搭配：要跟著一生的家具，在或大或小的房子放置在不同
的地方，家具間的可搭配性是非常重要的，從材質、款式、顏色到功能，都要謹
慎挑選再入手。

耐用的好五金：好五金真的很貴，但一張用了二十年還很好用的進口掀床，真的
物超所值。

重度收納需求的家具，建議依新空間大小量身訂製：書架（對我家來說是重度收
納家具）、廚具、衣櫥這些家具多半要爭取收納量，不管是從大房搬小房或小房
搬大房，這類舊家具通常再使用都無法充分利用空間，而且新舊也未必能找到相
似可搭配的家具輔助。

長輩家常有的「五斗櫃」：特別是原本是大坪數的老房常有，又深又大的五斗櫃，
有的還做工講究，但若搬到台北市區的小房子，其實房間大多放不下這類的五斗
櫃了，做工講究的櫃子也許可跟設計師討論，整合在客餐廳的設計中會比較適合。

選屋時的心態準備

基本上除了天上突然掉下一棟房子這種超級好康，不論租的或買的，應該都是自己充分了解新舊家差異的前提下做出的決定。從小房到大房，除了裝修費很容易超過預期之外，一般比較沒有問題；若是大房到小房，我覺得購屋人自己一定要清楚幾件事：

房子在物理 / 現實量體上就是比現在住的地方小，所以大量的斷捨離是勢在必行的，不可能有魔術師可以幫你將大舊家所有的家具變到小新家裡。

小空間要做到大收納，必須高度依賴現場量身訂製的收納櫃，以達到不放過所有畸零地、充分利用空間的目的，所以當越多舊有家具進入，我們設計師能做收納設計的彈性就越少。特別原大房的家具如果當初是量身訂製的，多半量體感都過大，就算搬得進小新家，也可能會有壓迫感的問題，這絕不是「交給設計師」就能解決的，設計師不是魔術師。若真的有珍愛的大家具想從大屋搬去小新家，請設計師適度改造是個好方法，但多半費工，絕對省不了錢，所以務必自己想清楚，值不值得只有你自己知道。

我自己從結婚以來，精心挑選的餐桌、書桌、造型層板架、小書架、加大雙人床架、冰箱與八十一木工場阿義師傅送我的迎賓實木板就跟著我從 22 坪、28 坪到現在的 50 坪，因為符合以上心態與選購條件，當初買的時候當然有點心痛，但隨著一次次搬家，重新擺設都很開心（因為材質好耐）、很好放（因為是萬用尺寸），也不會突兀（因為調性一致），一路用了快 20 年真心覺得很值得。

這真的是個不易的決定，但相信參考我的方式選家具，換房時想清楚，然後找到合適的設計師，充分溝通與授權，一定可以完成幸福足以傳承的家。

2

使用行爲決定收納的設計

Point 1　　　**大門周邊無家可歸的物品**

每次談到玄關收納，許多業主一開始都不知道有什麼物品需要收納，但我這個提問一出：「想想現在的家，靠近門口所有搭在椅背上、堆在檯面、餐桌上，甚至放在地上的物品，那些就是你們家玄關需要收納的物件。」業主們就像開關打開一般，瞬間需求湧現。

「親子手作宅」利用曲牆與延伸的座椅平台，創造兼顧收納與舒適的玄關空間。攝影＿ KU photography studio

「最好的時光」利用座椅平台拉出同時具備隔間與收納功能的鞋櫃，隔而不斷的連通設計讓餐廳與玄關可以相互照應，降低進門壓迫感的同時也增加動線與使用彈性，豐富空間層次與趣味。攝影＿汪德範

從空間組織中思考玄關

不管是風水或住家空間層次考量下刻意隔出一個玄關空間、或者只是從大門過渡到客廳的開放玄關區，在空間大小與實際使用狀態、頻率、物件之間，針對不同收納區域的優先排序取捨等，與業主充分釐清後，都可以設法在空間組織中變化，滿足繁雜的玄關收納需求。

以狹長型玄關為例，大門旁經常因為柱位或電箱設備管道間，建商常會留出深度 30 ～ 40 公分的畸零空間預留做鞋櫃使用，倘若入口收納需求極高，單靠預留的鞋櫃空間不敷使用，加上有風水考量，便可將玄關收納以座椅收納平台的方式，水平延伸到相鄰的客餐廚空間做多方向功能性的隔間收納櫃，降低進門的壓迫感，順著物品使用的動線來規劃收納；至於寬敞的玄關空間，不管是鞋櫃、衣帽櫃，甚至儲藏小間都相對容易，但須注意不能讓入口區感覺像儲藏室。

60 公分深的鞋櫃做成抽板，方便收納鞋靴；瓶罐抽可放置保養鞋子的用品或是消毒乾洗手等瓶罐。座椅平台的抽屜則可放置拖鞋。攝影＿汪德範

由於玄關空間不大，孩子一回家也可從平台上方通往餐廳，動線靈活有彈性。對大人而言也是很舒適的座椅平台，聚會散場時忍不住在玄關多聊幾句也很愉快。攝影＿汪德範

個人習慣出門用品也適合收納在玄關

從全家鞋靴、保養鞋靴的瓶罐器具、鑰匙、零錢、信件、繳費單、統一發票到出門包包、外套、飾品、雨傘、環保袋，乃至於偏向個人習慣的收納需求，如手錶、手機充電座、常備藥品、各類球具、菜籃車、嬰兒車、寵物袋、拉繩、行李箱等等，都需要依照物品的體積、重量、使用方式、個人整理偏好來

思索合適的順手收納位置。我喜歡利用普及又耐用的滑軌，以抽屜、抽板、拉籃，依照上述物品性質配合大門周邊所有畸零空間的特性，靈活改變五金安裝的方向或角度，讓「東西來找我，而不是我去找東西」，創造出舒適的玄關區域同時盡量滿足業主家庭的玄關收納需求。

（左）「大隻好宅」業主習慣將襪子收納在門口，方便出門時搭配球鞋與整體造型，因此我們在玄關座椅平台設計整排襪子抽，方便業主使用。（右）座椅平台下方的襪子抽搭配60公分深的鞋櫃抽板，可放雙排球鞋，還可以收納外套、購物袋、電風扇、高爾夫球袋等大型物件，非常方便。攝影＿汪德範

▶ 關於收納你要思考的是

玄關收納設計成功的關鍵必須建立在居住者每天出門前、回家後真實的使用習慣，而非刻板印象中玄關會收納的物件。有些人鑰匙、零錢、雨傘固定都收在包包裡，有些人則是習慣一回家便全部掏出來放檯面上；有些人需要把藥品放在門口，出門前才會記得吃藥；有些人手機一回家便放在玄關充電，不進房間；有些人總是在出門前最後一刻化妝，貼緊「行為」才能發展出最適合自己的入口收納喔！

Point 2　　　　　　　**是喜歡收藏還是習慣囤積？**

在需求會議中，常會詢問業主有無收藏，舉凡書、CD 或 DVD、黑膠、攝影作品、畫作、陶瓷器、碗盤、馬克杯、明信片、相簿、相機、袖扣、磁鐵、公仔、布娃娃、玩偶、模型、帽飾、樂高、紀念飲料罐、球鞋、國外特色物品到雕刻、多肉植物、腳踏車，各式琳瑯滿目的收藏物件，聽著業主的介紹，「這種東西也可以從收藏的角度看耶！」總讓我覺得非常有趣！但現實面的因素無法視而不見，倘若住家室內坪數有限，「到底是喜歡收藏還是習慣囤積」就成為不得不面對的終極提問。

「親子手作宅」業主很清楚自己想要的空間氛圍，當初設計時便強調他們習慣定期整理更替書本與小藏品等物件，以維持客廳格子櫃可收納的數量與呈現狀態。攝影＿＿ KU photography studio

（上）一面乾淨的視聽主牆，大器寬敞的空間感正是「親子手作宅」業主理想的客廳樣貌。攝影__ KU photography studio
（下）「山之圓舞曲」業主將一樓原本的車庫改爲收納間，客餐廳只放置最常閱讀的少量書籍，其餘物件都收在隱藏式壁櫃中，以維持整體空間的簡約清爽。攝影__汪德範

梳理人生，面對取捨

面對珍愛的藏品，整理是一種享受。有些東西在生命某個階段認眞愛過，但隨著年歲增長，家庭結構改變，曾經的收藏不知不覺成爲「想到要整理就頭大」的家中囤積物，留著無用，但棄之可惜，難以割捨的其實是腦海中的那份回憶。類似這樣的斷捨離課題眞的很難，但確實需要給自己空間，好好沉澱一下，到底是留著無法開箱的回憶，滿覆灰塵？還是選個時間好好告別，讓有限的空間得以發揮更大的效能？

不需要展示、持續購買、不能使用、收在盒子內保存的物品，在居住空間有限、收藏量實際影響到家庭成員生活的狀況，通常在需求會議時，家人間最容易產生爭執。每個人的偏好是很內心的事，其實一般旁人不容置喙，但倘若自己的選擇，已經影響到全家人，而非自己承擔後果的情況，就必須直面「空間有限」的事實，共同與家人討論出解決方案。倘若經濟有點餘裕，可以考慮租一個小倉庫放置藏品，類似秘密基地，每次前往放置新藏品成爲儀式性的行爲，也未嘗不可。

「山水雅舍」業主由於長期旅居美、中、台三地，不斷移動的生活特性讓他們習慣保持簡單，不囤積物件，只購買必要物品，因此客餐廳空間才能如此簡單，沒有繁重的收納層架拖累絕佳的寬廣景觀。攝影＿李健源

擺出來不等於展示

美麗的陳列有兩個重要條件：有質感的選品以及能與之相襯的環境。倘若家中雜物太多，顏色沒有經過篩選，紛雜無序，展示品缺少有餘韻的空間，即便再美也難於展現；有些物件，如書、CD、黑膠等，形狀大多類似，具有特定尺寸比例規律，對於許多愛書、音樂的人而言，數量越多越好，搭配整合全室水平高度的層板，集中整面收納，反而可創造「數大便是美」之效。

（右）「如歌的行板」業主收藏大量 CD，我們設計高低錯落的小實木層板點出整個空間水平韻律的前奏。不同高度的格架與空間中的幾個重要高度線相呼應，讓整個空間更加的整然。攝影＿李健源

一出一進原則，兼顧整齊與收藏

2018 年搬到新家時，女兒四歲，當時我便跟女兒約法三章，只要她可以維持房間整齊，並符合「一出才有一進」的原則，房間所有物件去留我都不干涉，由她自己決定。如今她快九歲，房內平台上的勞作、樂高與各式玩偶、食玩公仔等，這四年多來她已很習慣做出選擇取捨，畢竟平台、展示格的空間有限，每個階段心愛的物品如果不做出取捨，

無限堆積的後果是失去房間的自主權。只有老實面對空間的限制，強迫自己認真思考內在的優先排序，才能做出明智的選擇，展示自己最心愛的收藏，同時兼顧房間的整齊。

是喜歡收藏還是習慣囤積？這是個只有自己能回答自己的問題，做出選擇並且承擔自己選擇的後果，隨時都可以開始。

由於此案空間不大，為降低壓迫感與業主音響聲學需要，客廳主要視聽牆面保持簡單，主要收納擔當的 CD 架設計在入口銜接客廳的角落，使用也很方便。攝影＿李健源

▶ 關於收納你要思考的是

空間坪數是固定的，而人是活的。隨著人生階段改變，對現在的你來說，生命中真正重要、無法割捨的東西是什麼呢？

鞋櫃形式 I

標準深度整合小物件收納的鞋櫃設計

零錢鑰匙可從圓洞直接放入。

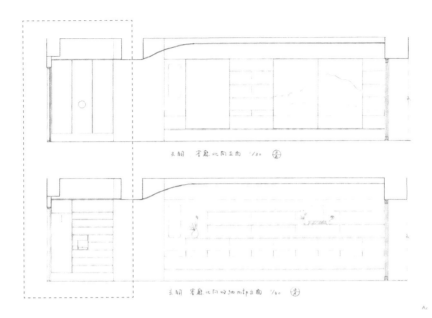

使用行爲

入口收納鞋靴與外套，同時可隨手放置鑰匙與零錢。

設計概念說明

利用建商入口處的角落空間，整合業主習慣在大門周邊放置鞋靴、外套、鑰匙、零錢、信件帳單、保養鞋靴等工具的需求，量身訂製符合他們使用模式的入口收納櫃。

關鍵細節

1. 量體設計
考量鑰匙與零錢回家隨手擺放的方便性，結合入口壁櫃的整體美觀，利用中間門片上開一個圓洞作爲零錢鑰匙孔，既是視覺重點又方便拿取。

2. 收納規劃
鞋櫃爲活動層板；三抽屜分別可放鑰匙、信件與維護鞋靴的瓶瓶罐罐。外套櫃在最靠近室內的位置，符合他們回家先脫鞋、放鑰匙零錢再掛外套的動線順序。

鞋櫃形式 2

利用空間特性
訂製特殊尺寸鞋櫃

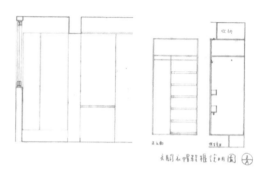

玄關衣帽鞋櫃說明圖

隱藏式收納櫃還能收行李箱。

70 公分深的抽板可以放兩排鞋子。

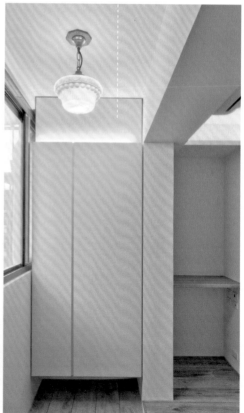

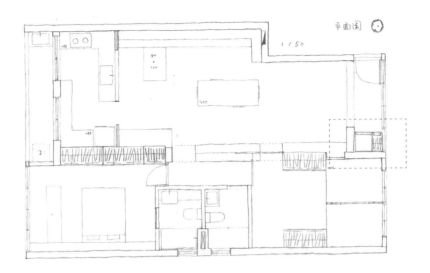

使用行為

入口收納鞋靴與外套。

設計概念說明

面對寬度小而特別深度的玄關角落，我利用重型滑軌，設計深度 70 公分的抽板，單層可放前後兩排鞋，收納量大又可抽出方便整理。利用這樣的深度，也方便整合外套、直排輪與滑板車等外出收納功能。

關鍵細節

I. 收納規劃

（1）鞋櫃懸空 25 公分，常穿的鞋可直接擺放此處，方便使用。

（2）充分利用特殊深度收納的抽板設計，每層高度需固定，無法彈性調整，因此要確認業主習慣收納鞋靴的方式：有無鞋盒？靴子是否接受平放？鞋子最高可收的尺寸？

（3）左側衣帽櫃上方可掛外套，下方可放直排輪，門後還有可以放置雨傘、鞋油、維護鞋靴的瓶罐的格架與掛勾，非常方便。 上方還有隱藏式收納櫃，可以放置行李箱。

儲物小間

結合業主個性與需求，在空間組織中創造收納亮點

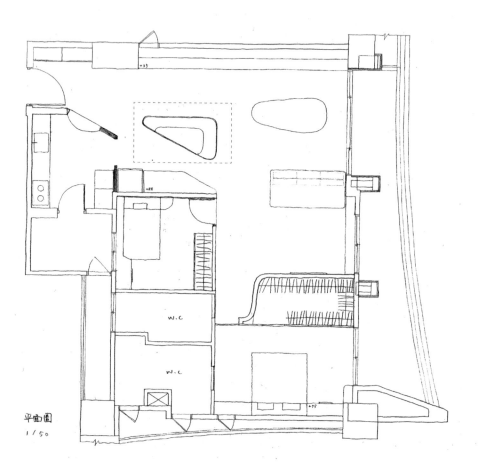

平面圖
1／50

使用行為

進門後動線一分為二，左邊可以直接前往餐客廳，右邊則通往廚房與山之間，平日購物後可暫放此區再進行歸位。

設計概念說明

考量玄關收納物件與平日購物後需要暫放區進行歸位，加上觀察業主個性嚴謹，開門見山的全通透可能對他而言較欠缺安全感，因此我在玄關與廚房相接處設計了一個儲物小間，呼應全室立面設計「陸上行舟」的主題，以清水大版木紋呼應山林感，暱稱為「山之間」。一方面提供儲物的強大收納機能，一方面「猶抱琵琶半遮面」，隱約可感受到客餐廳的寬廣，但又保有一定的隱私。

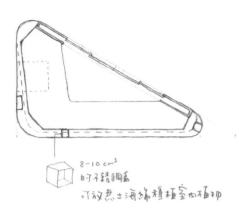

8-10 cm³
的不鏽鋼盒
可放乾土海綿種植室內植物

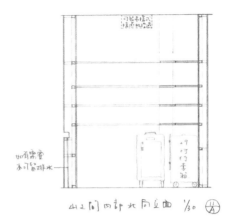

如有需要
亦可管排水

山之間內部水同立面 1/30

關鍵細節

I. 量體設計

「山之間」為一個三角量體，在三個面各有一個造型特殊的小洞，提供業主擺設精選的琉璃飾品。室內全暗時單開此處的燈也別有情趣。為了呼應山林意象，除了匠人用自製大版木紋刀創造出氣度不凡的清水木紋、質感極佳的藝術水泥外，我特別將此三角量體的兩邊設計為往上內收的斜牆，搭配三個自由曲線圓弧角，讓「山之間」自在矗立於空間中，完全沒有壓迫感之外，也創造出空間上的獨特趣味。

2. 收納規劃

「山之間」作為儲物間有非常強大的收納功能，考慮業主習慣偏好、不同物件的體積、重量與使用頻率：最下層可以放電扇、行李箱可以直接拖曳定位，中層三層板可以放置鞋、包，最上層則可放置衛生紙等大件備品。還有規劃爬梯與直立式熨斗的收納位置，搭配冰箱旁的收納平台，是整理家用品歸位的最佳工作區域。

3. 使用彈性

「山之間」設定平時常開，因此設計四拉橫拉門，可完全收起不影響收納空間。客人來時即可關閉，不影響家中美觀。

乾貨收納小間

考量動線設計，附屬於主空間周邊的收納小間

收納櫃上方規劃吊隱式除濕機，可控制濕度。

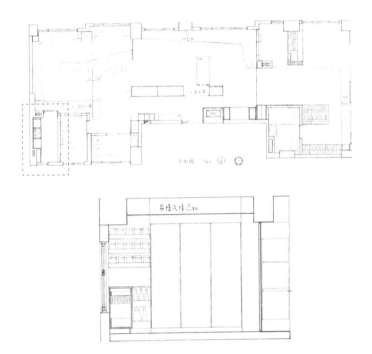

使用行為

廚房中方便取用收納各式乾貨、調味備品。

設計概念說明

由於男女主人喜歡購買各種食材乾貨，也愛自行釀梅酒、泡菜、情人果、果醬、甚至計畫學習製作味噌、醬油，顯然單純的乾貨收納櫃不足以滿足他們的收納需求。附屬在廚房角落的乾貨收納間，可以控制濕度，所有食材乾貨都按類別與收納特性、使用頻率，設計方便整理取用的收納櫃與陳列架，一目了然。

關鍵細節

1. 收納規劃

設計抽屜櫃收納乾貨，五金選擇上我喜歡選擇平價耐用又是基礎配件的拉籃滑軌，只是配合使用順手的位置設計安裝在適合的方向，即便十幾年後需要更換也很容易。窗邊我設計了存放梅酒的格架以及工作平台，方便業主製作乾燥花或食材加工的工作。工作平台下方是收納瓶罐的抽屜櫃，醬油、料理酒都可擺放於此。

玄關儲藏小間

搭配動線，利用家中必要大物件偷出收納小間

不做底板，嬰兒車可以直接推進去定位。

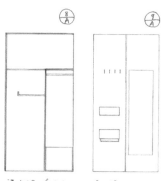

儲物間內部立面　　　儲物間門片的側立面

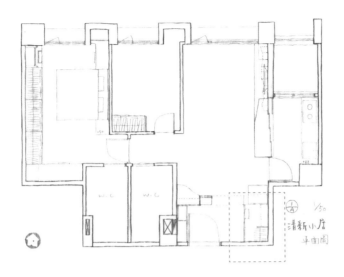

使用行為

進門後先在左側鞋櫃放鞋,再將包包、推車、雨傘、外套直接放進玄關右側的儲藏小間。

設計概念說明

考量衣帽、樓梯、雨傘、屋主生小孩後可能的育兒外出用品包、嬰兒推車等收納需要,利用冰箱的寬度偷藏了一個儲物小間。

關鍵細節

I. 量體設計
由於玄關空間不大,需要快速引導進門使用者的視線到客廳的大面景觀窗,我利用衣帽小間旁的小圓洞作為車鑰匙收納格,也是引導人的視線離開玄關往前方看的重要元素。

2. 收納規劃
考量新手爸媽手忙腳亂的狀態,一切物件能順手定位非常重要,預留收納嬰兒推車的位置不設木板底板,就是為了直接能將推車拖至定位,也方便清潔。數量不多的直傘也可直接掛在上方木層板的小邊牆上,同時預留出收納折疊梯需要的高度。儲藏小間門上除了穿衣鏡外,也有放置維護鞋靴瓶罐或放置摺疊環保袋的格架,方便使用。

書牆形式 1

結合書畫收納的工作書架組

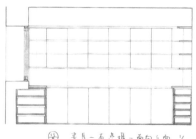

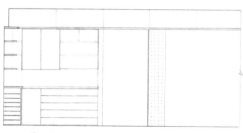

橫拉玻璃門片可單手操作。

120 公分深放置成品圖卷。

使用行為

女主人的主要書畫閱讀區，方便取用藏書、提筆作畫、收納展覽後的圖卷。

設計概念說明

女主人平日喜愛閱讀、書法與國畫，經常舉辦個人畫展。藏書部分必須方便查找同時容易維護，因此我設計了橫拉玻璃門片，即使一手抱書也可單手操作；愛書之人必備的堆書平台，圍繞書畫閱讀區，提供閱讀者方便置書取物。國畫工作部分則有大量的圖紙畫卷收納需求，從空白圖紙攤平、作畫中停頓斟酌時的快速吊掛、畫完晾乾到完成品圖卷收藏，我皆設計了相對應適合的收納方式。此區實為凝聚整合所有需求完成的工作書架組。

關鍵細節

1. 收納規劃
（1）書架考慮女主人的整潔標準，因此設置了玻璃橫拉門，門片大小考慮單手好操作的尺寸。
（2）書架下方 75 公分高的圖櫃是收納空白紙捲的活動層板與圖卷抽；窗台邊則是深 70 公分的抽屜，供空白圖紙攤平；書畫區與沙發之間的矮牆櫃則是深 120公分的成品圖卷收納櫃。
（3）書架頂部樑邊層板上方也都是收納圖卷的空間。
2. 使用彈性
（1）窗台邊抽屜櫃上方有抽板設計，可彈性作為延伸桌面。
（2）側邊書櫃上的磁性滑門，方便快速晾置剛畫好的圖稿。

書牆形式 2

整合投影布幕、照明的書牆設計

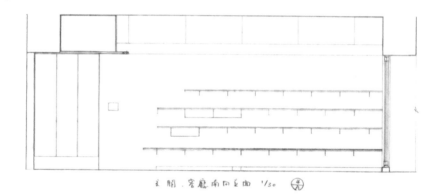

主閣、客廳南向立面 1/30.

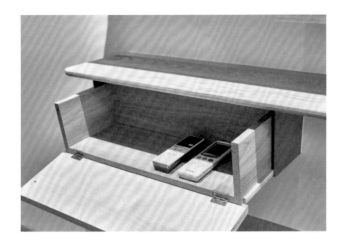

使用行為

此案一開始就確認不用電視，以整面書牆搭配電動螢幕。

設計概念說明

考慮整體空間設計的水平線條特性，我設計了整合電動螢幕與軌道燈，以天然白橡木皮包覆的吊掛鐵件，四周收 2 公分半徑的圓角，以減輕整個布幕架的量體感，搭配栓木實木書牆，成為空間中簡潔俐落的主牆面。

關鍵細節

1. 量體設計
客廳主書牆採用栓木實木拼板，從 3 公分削薄到 2 公分，搭配不鏽鋼板斜撐，視覺上俐落不沉重，質感極佳。

2. 收納規劃
除了藏書之外，客廳主書架靠近餐桌處我設計兩個小抽屜，方便放置冷氣遙控器等小物。由於現在市面上已買不到 20 公分的抽屜滑軌，因此我們採用老式木作滑軌的方式，配合可下翻的抽頭，我自己覺得非常好用。

書牆形式 3

必要構件成為空間主景的書牆設計

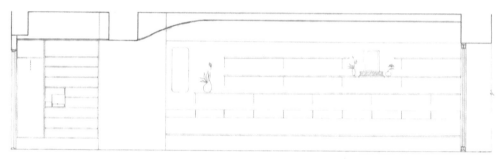

玄關 客廳北向收納兩部立面 1/30。

使用行為

局部遮擋書牆的橫拉門方便移動，單手亦可開關取書。

設計概念說明

全案主題「陸上行舟」是在發展主書牆立面時誕生的。餐廳主書牆彈性可關的三片橫拉門，全長 390 公分，門上浮雕著淡水河畔的觀音山景，搭配門片下方帶有漂浮感的木作平台，整個書牆立面就像是在河中遠眺的視角。空間中的餐桌、沙發則成為河中或大或小的島嶼，「山之間」亦矗立於河中，主空間的圓弧天花則是呼應水波意象，成為我的「陸上行舟」。

關鍵細節

1. 量體設計

三片書牆橫拉門上的淺浮雕作為客廳書牆的主景，原本業主希望以席德進〈風景（魚池鄉）〉作為再製雛形，但我直接聯繫詢問席德進基金會是否願意提供作品授權，卻並未取得該單位同意，最後只得作罷。幾經思量，腦中浮現淡水河畔的那片山景。承載著過去與家人的回憶，在業主的同意下，我便以淡水河畔的山景照片為基礎，勾勒出淺浮雕的設計草稿。支撐層板的鐵件結構為兩種山形立板，有趣的是，此兩塊山形鋼板互為陰陽，正反鑲嵌即為一個矩形。

2. 收納規劃

除了書之外，還預留一個祖先牌位的空間。抽屜可支援餐客廳雜物收納。

書牆形式 4

藏書量最大化的前提下，
展現案件特色的書架立板設計

「綠藤生機宅」

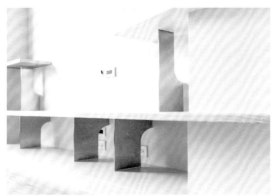

「清新小居」

「繽紛森活居」

設計概念說明

根據案件設計特色或業主偏好，以實木、夾板、不鏽鋼髮絲紋薄或烤漆薄鋼板，
創造專屬的書架立板。

關鍵細節

I. 量體設計

「綠藤生機宅」── 我將「綠藤生機」的品牌 logo 轉化爲帶有結構性的造型，以
三公分厚的栓木實木搭配訂製鐵件，並彈性可鎖小層板變身ＣＤ架，既好看、有
結構性又能呼應業主的品牌熱情，一舉數得。

「清新小居」── 配合業主俐落理性又有點小浪漫的氣質，我選用不鏽鋼髮絲紋
的薄鋼板做書架立板，下層爲配合電器走線設計了圓弧造型洞，上層呼應下層立
板造型，翻轉 180 度，簡潔輕盈。

「繽紛森活居」── 從樹幹發想，希望將自然氣息帶入空間，這十一片立板是請
木工以線鋸鋸出雛型，我自己再加工淺浮雕的小創作！

單純電視牆

電視作為工業設計作品的展示牆面

50 公分深度足以收納視聽設備。

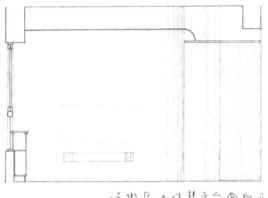

娛樂區水休憩平台衡向立面 1/3。

使用行為

單純壁掛電視、收納視聽設備。

設計概念說明

更衣間的背牆作爲電視主牆，希望呼應「陸上行舟」的主題，電視牆面宛如長期受海浪滔擊的光滑山壁，弧順凹陷處爲利用更衣間內局部抽屜櫃轉向收納視聽設備的隔層。

關鍵細節

1. 量體設計
優雅的弧角與斜牆帶出通往主臥的門，降低更衣間突出在視聽娛樂區的壓迫感，反而創造出公私空間轉換的心理餘裕。

收納規劃

在了解業主簡單的視聽設備需求後，規劃寬 120 公分，深 50 公分的開放收納格，用來放置藍光 DVD Player、Apple TV、機上盒等設備。

複合式電視牆

整合各種收納展示需求的主牆設計

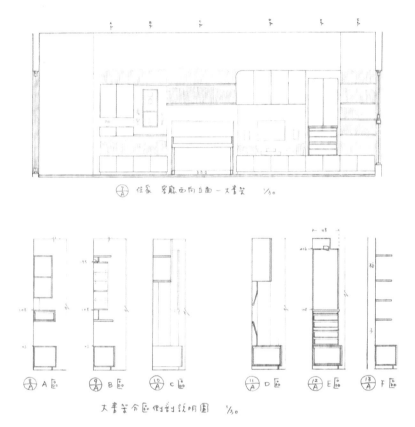

住家　客廳西向立面－大書架　1/30。

大書架分區側割說明圖　1/30。

使用行為

結合入口收納、小藏品展示、鋼琴、電視、書籍、祖先櫃的空間主牆面。

設計概念說明

因為有展示與祖先櫃的需求，祖先櫃也有指定的位置與幾個必須符合的尺寸，在設計上我希望既要滿足業主提出的「活潑大方不複雜」，又希望在整體和諧的前提下，帶出祖先櫃的莊嚴優雅與展示櫃的畫龍點睛，因此產生了這個立面。

關鍵細節

1. 量體設計

在思考此複合型書牆材料搭配時，因為業主有提出希望不同木皮混搭，在本工作室蔡芳琪設計師的建議下，我們嘗試了以舒坦感的極淺灰牆做底，楓木為主調，搭配花梨木的水平層板與祖先櫃的組合，才最終定出此主牆設計的材質主調。

2. 收納規劃

（1）入口收納有小抽屜可放零星物品，封閉矮櫃與吊櫃則是放書，好維護之外，希望整體視覺不雜亂。小藏品展示設計我以傳統的多寶閣出發，但希望用最少的動作與比例分割完成美感。多寶閣的趣味就在於小櫃內的空間設計，適當的空間組織既可維護小藏品本身的獨立完整，又可達成整體的和諧多元美感。

（2）預留的鋼琴與電視空間融入在這片主書牆中，即便巨大黑色量體也不會顯得突兀。同樣是「鑲嵌」，開放透明的小藏品展示櫃與封閉沉穩的祖先櫃相襯應，花梨莊嚴又貴氣，非常適合祖先櫃，平時關起來也好看，祭拜時門打開也很大方，下方有充足的抽板與抽屜可供收納各種器具、經文。

對「彈性」的容忍度？

相較於大坪數空間，人均居住面積在 9 坪以下的住家，如果想要日常主要生活空間寬敞，「彈性使用」就是個必須考慮的議題。不管是客餐廳合一、客書房合一，甚至突破習慣的隱私界定，讓小孩成長性空間的彈性臥舖區與客餐廳合一，都值得思考空間的可能性。

每個人的個性、成長歷程不同，反應在空間需求上最明顯的就是對於「彈性」的容忍度不同。許多爸媽為了方便照顧，希望孩子在客廳使用電腦、完成作業，但客廳空間又放不下獨立書桌時，是否能接受一張大餐桌彈性做書桌使用？有些業主熱愛做菜，但受限廚房空間有限，工作平台不足，是否能接受開放式廚房，讓餐廳成為廚房的延伸，利用中島取代餐桌，備菜平台之外彈性作為餐桌使用？當空間坪數不足時，餐廳、客廳能不能合成一大間，甚至餐桌長凳彈性作為沙發茶几使用？

對於偶爾來訪的親友，在台北市寸土寸金的有限空間前提下，與其壓縮平時居住空間，硬是隔出一間過小的閒置客房，不如設計平時對客餐廳開放的休憩平台或書房區，搭配活動隔件，需要隱私時可以關閉，彈性做客房使用。

沙發邊几平時人少的時候可以作為餐桌長凳，彈性使用讓空間更有餘韻。攝影＿好姨

「都市雅痞寵物宅」因空間有限，爭取客廳通往廚房的角落作為餐桌區，採用栓木實木的窄版長餐桌增添了空間的質地，特意開的長窗也讓原本處於過道、有點緊迫的餐廳空間鬆了一口氣。攝影＿好姨

（上）「綠藤生機宅」的休憩平台空間朝客廳與視聽區開放，並保有門彈性可做區隔，平時小孩在此處玩耍時，爸媽照看方便無死角，有親友來居住時又可保有隱私，對於坪數有限的室內空間來說，彈性使用真的很重要！（下）做客房使用時可全部關閉，保有隱私。攝影＿汪德範

（上）「跟著孩子成長的家」，我提出了「成長性空間計劃」，由於當時業主兩個孩子都還很小，整個空間也不大，刻意先隔出兩房除了不方便照顧、空間利用度低之外，又犧牲了全家人的居住品質，所以我建議彈性可關的開放式臥舖區，平常與客廳合體，是孩子的遊戲區，也是親子共讀區，日後依小孩發展需求增加隔件，可分階段改爲獨立臥舖或進階爲兩間臥室。（下）四年過去，當時走路還搖搖晃晃的幼兒已經是懂事活潑的小學生了，考量男生的發育速度，因此在 2020 年初開始進行成長性空間改造計畫。2015 年便預留好了開關插座位置，木作在工廠完成訂製後到現場進行組裝，十天便完成了空間改造工程。攝影＿王采元

（上）「繽紛森活居」的主臥與客餐廳便是利用書架與收納櫃做隔間。（下）書架後方是化妝桌、化妝品側抽與衣櫃。攝影＿好姨

小住宅建議善用彈性設計

對於家中有 0 ～ 6 歲孩童，但人均居住面積不到 7 坪的家庭來說，為了日後青春期預留一間小孩房，全家日常生活可能十年都用不到、最後淪為儲藏室的房間，真的非常可惜。業主能不能接受小孩房彈性開放成為客餐廳的延伸？在孩子尚未需要獨立一間房間的時期，全家人都能享有寬敞舒適的公共區域；等到孩子隨著成長，隱私需求提高，再將活動門片固定，成為獨立房間。讓住家隨著家庭成員不同的生命階段一起成長變化、充分利用每一寸空間，業主對於「彈性」的容忍度，在小住宅來說真的非常關鍵。

創造流暢有餘裕的動線

不管是原格局通往各房間的走廊，或者是分隔小房間的一道道牆體，對人均居住面積 9 坪以下的住家來說，都是浪費空間。「彈性使用」讓空間因為能夠「共用」而有更多餘裕，貼緊業主家庭組成與生活習慣，調整室內格局，走廊這類的動線空間很自然能融合在空間中。另外，以書架、衣櫃等整面收納櫃體取代房間隔牆，在原本隔間牆 12 ～ 15

公分的厚度基礎上，只需多增加 15 ～ 45 公分不等的深度，既能爭取收納空間，同樣滿足分隔空間的效果，而整合在收納櫃設計中的橫拉門片也無需開門的迴旋空間，對於小空間或全齡式空間更能提高動線的流暢度。

避免彈性變災難的功能性設計

相對於「彈性」的方便，當然伴隨而來的就是切換功能時的混亂度。最明顯的例子就是當餐桌彈性作為書桌使用時，要開飯了桌上卻堆滿書本、筆電或是小朋友的功課，若再加上收拾速度緩慢甚至丟著不管，家務擔當者的憤怒情緒只是必然的結果。通常我在設計中會輔助「工作小車」或周邊「堆書平台」的機制，使用者有一台可以放置個人工作用具的小推車，「工作小車」可設置檯面與餐桌同高，工作時作為活動邊桌使用，要吃飯的時候只要將東西移到推車或旁邊的堆書平台上，就可快速清出餐桌空間，享受一家美好的用餐時光。工作小車也不用很大，大約 35*60*75 公分，平時可以收在房間或家中角落處，需要時才推出來使用，其實是可愛又實用的彈性功能設計。

▶ 關於收納你要思考的是

刻意思考彈性使用，面對第一次裝潢，如履薄冰的謹慎與壓力，容易導致過度放大檢視，而忽略了自己實際生活的脈絡。我都會建議業主回到生活中去感受、觀察真實居住狀況，對大多數的人來說，生活本來就是充滿彈性，只是從來沒有認真看待過。

多功能隔間櫃形式 I

將屋主多重需求融合空間組織的靈活隔件設計

使用行為

結合投影布幕、健身器材收納、縫紉器具收納、彈性燙板變化與橫拉式餐桌設計，讓原本單純的客廳可以變身家庭電影院、健身房、縫紉工作室與餐廳的多重角色。

設計概念說明：

原本空間最大的特性就是東西向極長，為了通風與採光、同時結合業主興趣極廣造成龐大且繁雜的工具收納需求，我希望將原屋的狹長限制轉變為特色優勢，利用此一玄關與客餐廳隔間櫃將服務空間與主空間分開，創造出兜著轉的動線，並且利用洞窗營造空間層次感，讓進入玄關空間的人有一探究竟的興味。

關鍵細節

l. 量體設計

隔間櫃背板作爲玄關入口牆面，在對應大門位置開了長形洞窗，降低入口牆面的封閉感；隱約可見室內的樣貌，勾起人一探究竟的興味。

2. 收納規劃

此隔間櫃因應業主的需求分爲三類收納：

（l）由於客廳是他們家的運動區，第一座大收納櫃裡藏了階梯箱、瑜伽球、拳擊手套、槓鈴架等所有健身器材，樑下還有懸掛件可做 TRX。男女業主其中一個健身運動是拉力繩，但市面上沒有好看又方便調高度的拉力柱可選購，因此我幫他們設計了這支「拉力柱」，用後方的鋼環來調整所需高度，搭配吧檯吊燈烤漆成帶一點紅的黑色，帥氣有精神。

（2）長形洞窗的後方是預留給女主人縫紉機的空間，女主人進行縫紉工作的專注畫面也成爲進門動人的風景之一。

（3）吸塵器等中型雜物收納櫃

3. 彈性使用

此隔間櫃因應業主的需求亦有兩種彈性使用設計：

（l）我爲他們家設計的橫拉式餐桌，桌面固定在橫拉門板上，配合柱腳的輪子，移動輕巧方便（小朋友亦能推動），可針對客廳空間作爲親子電影院、餐廳、工作坊等不同使用狀態時方便配合調整。

（2）女主人有特別提出，由於縫製的物件完成車縫後都需要馬上進行熨燙，而且因爲面積多半很大，因此在工業平車旁最好就能有一張足夠大小的燙板。但又並非經常使用，燙板平時需有地方收納，因此我設計此區時，就發展出這個變形式燙板的設計：燙板平時收起來就是家中裝飾的壁板，延續箭頭意象的小房子洞其實是燙板桌腳的把手；整座展開後便成爲足夠大小的燙板，櫃內預留了吊掛工業熨斗的掛桿與電源，還有兩抽可放置工作所需的小配件。 燙好的布還可放在後方彈性拉出的延伸工作台上，延伸工作台下方則可放置吸塵器或其他大件的雜物，將彈性使用與收納功能發揮到極致。

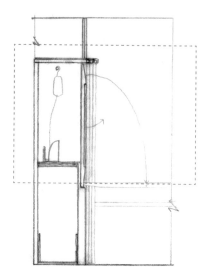

櫃體飾板下拉展開就變成大燙板。

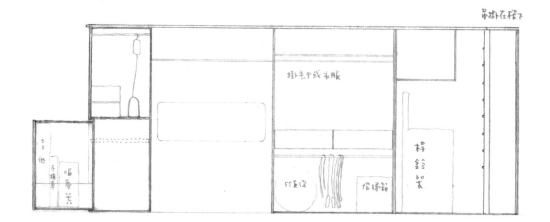

多功能隔間櫃形式 2

整合客餐廳孩臥收納需求的三向收納櫃

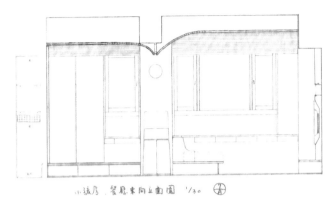

小孩房、餐廳東向立面圖 1/30。

使用行爲

在客廳沙發上可取用近期心愛的書籍、後方桌面放杯女主人精心的手沖剛剛好；餐桌邊的茶水櫃方便鄰近取用零食與熱鍋墊；孩子漂亮的娃娃屋或日後成長的各種擺飾、書籍可精選展示在陳列架上，其餘雜物或書籍則可收在腰櫃內，小片橫拉門打開再搭配櫃內燈，躺在地上看書也愜意。

設計概念說明

面對客廳、餐廳、小孩房不同的收納需求，同時整合小孩房隔間橫拉窗的軌道，又要滿足沙發邊桌的彈性功能，因此發展出三向收納櫃組。

關鍵細節

1. 收納規劃
此三向收納櫃又分爲兩區收納
（1）三向收納高櫃：面對餐廳是可放藥品、零食、熱鍋墊、電陶爐或其他餐桌區的雜物收納抽屜組，還有一個小平台可以放飲水瓶與一家三口常用的杯子；面對客廳沙發向是書架，可以放置近期常看的書籍；面對小孩房是娃娃屋陳列架，不管是玩具或是以後作書架使用都方便。
（2）彈性可作爲桌面的腰櫃：面對小孩房側是玩具、書籍收納櫃，面對客廳是沙發背牆與邊桌。
3. 使用彈性
三向收納櫃組整合了小孩房的折門軌道系統，可彈性控制臥室隱私程度，全部關起來也不會有壓迫，等長大有「單獨臥室」的封閉性隱私需求再固定即可。

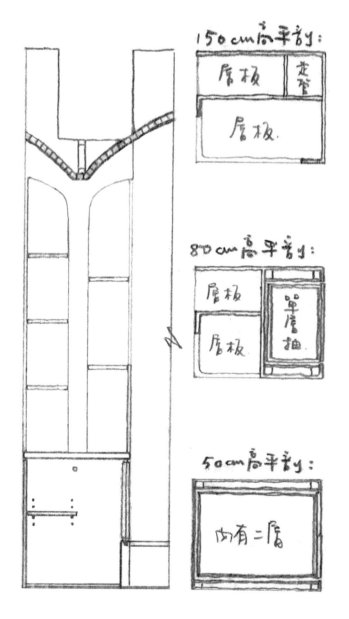

150cm高平剖:

層板 | 走管

層板.

80cm高平剖:

層板 | 單層抽

層板

50cm高平剖:

內有二層

房間櫃西向立面 1/30 ⑨方

多功能隔間櫃形式 3

隔而不斷的造型隔間收納櫃

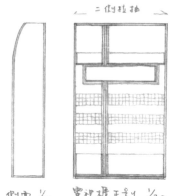

側面 ⅓。　實視櫃正剖 ⅓。

使用行為

看電影時可使用收納櫃上鑲嵌的投影機播放；不管在客廳或書房，零食、衛生紙或是沙發靠墊、臥毯，甚至是廁所需要補充的衛生備品等都很方便取用。

設計概念說明

爲了整合客廳投影機、客書房的雜物收納以及客廳書房的區隔感，我配合天花的曲面弧度設計了這座隔間櫃。

關鍵細節

1. 量體設計
這座隔間櫃造型上接住天花特殊的自由曲線弧，讓飛躍的弧線在空間中穩穩落地，也合理定義了這座櫃體的存在位置。

2. 收納規劃
隔間櫃中間整合影音設備，鑲嵌置入投影機；對應左右兩側走廊寬度差異，完全利用櫃體剩下的空間，做成深度不同的抽屜櫃，可滿足客廳與書房各種零食雜物、用具與衛生備品的收納。特別設計成從側面開啟就是爲了不要影響客廳沙發的正常使用，維護方便又好收。

餐邊小櫃形式 I

彈性運用平價五金的側拉抽屜櫃

側拉抽屜無須擔心被桌椅擋住。

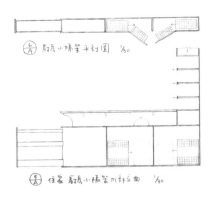
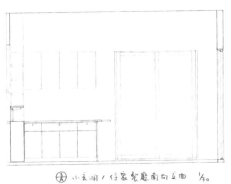

使用行為

餐桌常用的物件都可以在不驚擾用餐的狀態下取出使用。

設計概念說明

餐桌周邊的收納櫃常有不好使用的問題，開個門總被座椅或餐桌擋著，因此我特別重新思考收納設計，用餐時收納開關都方便！

關鍵細節

1. 量體設計
入口小鞋櫃、隨身包包櫃結合餐櫃，精簡入口動線，方便伯母進出打理餐廚空間。

2. 收納規劃
（1）在廚具跟餐桌之間爭取 30 公分深的空間作高度 120 公分的側拉抽屜櫃，既可以稍微遮擋視野，不要讓人直接看到廚房；又能整合出菜餐台與餐桌邊收納需求。
（2）側拉抽屜的形式可以避開餐桌主要使用區域，針對餐桌區經常使用的熱鍋墊、餐墊、調味瓶罐、零食等，甚至冬天吃火鍋的電陶爐，側拉抽屜也很方便收納取用。

餐邊小櫃形式 2

利用畸零空間爭取餐桌邊收納小物

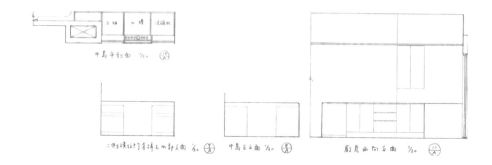

橫拉門設計方便拿取。

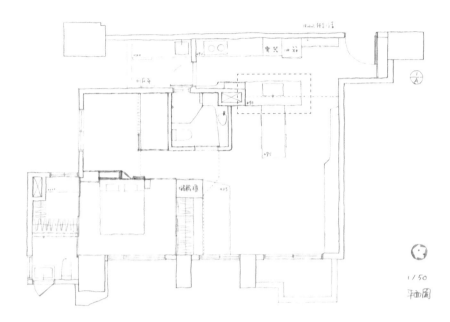

使用行為

餐桌常用的小物件，都可以在不驚擾用餐的狀態下取出使用。

設計概念說明

80 公分深的廚房中島扣掉廚具深度 60 公分與水電管線空間後，面對餐桌左右兩側還剩下深 20 公分的畸零空間剛好適合用來收納餐桌物件。

關鍵細節

I. 收納規劃
扣掉板材與門片，深度 11 公分的層板小櫃可以用來放置餐桌常用的衛生紙、充電器、熱鍋墊、餐墊、調味瓶罐或飲料、小包裝零食，搭配橫拉門的設計，方便好用。

彈性收納件

方便靈活的行動個人工作站

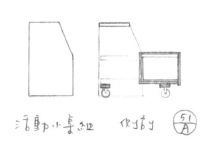

使用行為

坐在工作小車上，工具備品可放下方抽屜，不管看書、用筆電、做手工、畫畫，
全家空間隨我移動。

設計概念說明

照顧 1～6 歲的孩子，很容易出現「我想要媽媽在我旁邊」的狀況，可移動的工
作小車就是行動工作桌，一方小小的個人天地，方便靈活移動，媽媽小孩一人一
台，不管是彼此陪伴或主動選擇做事位置皆可，靈活又好玩。

關鍵細節

1. 收納規劃
座椅處抽屜可收近期心愛的嗜好。

2. 使用彈性
（1）工作小車，下方抽屜可拉出成為座椅，彈性桌板翻起則是小檯面，不管是
遊戲、吃點心或寫功課都很合適。
（2）小孩的工作小車另一個功能是小站台，最下方抽屜抽出則變身彈性踏階，
方便拿取高處物件。

Point 4　　　　**廚房空間與使用習慣大解密**

還記得小時看著媽媽從小小的廚房端出一道又一道的好菜，撲鼻的香味、蒸騰的熱氣、媽媽
臉上大滴大滴的汗與廚房低矮工作平台上堆滿用完的鍋盆與備餐後的菜渣，疊合混攪的記憶，
酷熱、辛苦卻又溫暖幸福的衝擊感，是我對廚房第一印象。

「陸吾書居」的半開放式廚房座落在整個公共區域的端部，讓每天下廚的女主人保有最舒暢的視野。餐廳、
廚房以實木玻璃門窗做為區隔，保持通透，方便照看。攝影＿汪德範

傳統的廚房都是狹長的一字型封閉式廚房，家務主要擔當者在因爐火而持續高溫的狹小空間下，克難而精實地做出一桌好菜——「家的味道」——是大多數人心中溫暖的回憶。伴隨著時代變遷，普遍皆為雙薪家庭，在配偶雙方都有工作的前提下，家務分工的意識逐漸抬頭；也隨著親密育兒法、蒙特梭利、華德福等幼教觀念流行，越來越多新手父母希望能和孩子一起動手做菜，一方面享受親子烘焙的樂趣、一方面也藉由實際操作，刺激孩子味覺、嗅覺、觸覺的發展；而各種食安問題與歷經疫情三級、封城生活的體驗、各種健康飲食觀念普及，許多雙薪小家庭仍努力自行備餐，利用蒸、煮等方式進行烹調，減少油煙，加上開放式廚房設計風行，這種寬敞、舒適的料理空間，家務擔當者在做菜同時可以兼顧家中孩童狀況，方便又靈活，傳統封閉的一字型廚房已無法滿足現代家庭的需求。

平時可以全部打開，變身開放式廚房。攝影＿汪德範

在廚房備餐時，輕鬆照看孩子們的狀態，視野開闊，心情自然放鬆。攝影__汪德範

料理人數多寡影響收納動線

很多業主在需求會議時都會好奇，到底什麼樣的廚房方便收納？開放式廚房雖然是很舒服的料理空間，但大多數業主會擔心從備餐到餐後清理的髒亂狀態會影響家中整體觀感，相對封閉式廚房，不管多亂，門關起來就好，比較方便控管。在我長年觀察各種使用者下廚的經驗，「廚房工作有無分工」搭配「個人使用習慣」真的是關鍵因素。一人工作的廚房，冰箱食材定位、取用、洗滌準備到各種烹調方式：瓦斯爐、電鍋、烤箱、微波、蒸爐或食物調理機，因為只需要考慮一人迴旋空間，從新鮮食材、乾貨、調味瓶罐到鍋具、碗盤，重點在動線精簡與直覺式收納，考量主要家務擔當者的體型、慣用手與做菜習慣，大量的備菜平台，方便省力的拉籃或鋁抽，一目了然的收納設計，配置在適當不費力的高度，不論封閉式或開放式廚房，都是相當實用舒適、並且容易收納的備餐空間。

「都市田園居」當初業主希望與小女兒一同做菜，增加親子互動，因此在廚房中央區域增設一個小中島。攝影__李健源

廚房寬敞迴旋的動線，即便多人使用也很舒適，加上滿是綠意的窗景，實在非常享受！窗邊的活動層板可以隨心情取下，享受更飽滿的視野。攝影__李健源

至於多人分工的方式，不論是買菜備餐分工、前置準備跟烹煮工作分工、瓦斯爐與電器備菜分工或烹煮與裝盤工作分工，只要廚房迴旋空間不足、器物分區收納不明確、冰箱電器櫃與瓦斯爐備菜區域重疊，再加上家庭成員的慣用手未必相同，使用習慣各異，有的人是邊做菜邊收拾，有的人是全部做完再一起收，倘若對生熟食分區處理所要求的乾淨程度，認定又不相同，真的很容易導致使用者彼此間紛爭不斷，長久累積甚至心生怨念，家庭失和。

收納與備餐動線分流不互相干擾

仔細了解業主家人廚房的使用習慣、分工方式，以及碗盤、鍋具、調味瓶罐與乾貨的種類數量、廚房設備的種類與使用模式、還有家人飲食偏好等需求，將冰箱、乾貨收納、電器櫃、調味瓶罐收納與碗盤鍋具、瓦斯爐台等依照物品特性、取用頻率、備餐習慣與動線做出適當的分區規劃，減少使用時的重疊干擾，甚至可將餐桌彈性作爲延伸備餐檯面使用，不管是在意生熟食處理的、喜歡物品順手歸位的、想一次處理完再進行收拾的、善用電器協助料理的家庭成員都能各自安心在適合的位置工作，互不干擾，齊心完成美味餐點，讓「家的味道」不只溫暖，還多了一份群體投注的感情。

「山之圓舞曲」的開放式廚房以中島做餐桌，彈性可支援作為備餐台，搭配水槽方便雙向使用，即便夫妻共同備餐也很舒適。攝影＿汪德範

> ▶ 關於收納你要思考的是

廚房設計與主要使用者的體型、習慣高度相關，但往往家中強勢主導、對外發言的角色並非家務主要擔當者，因為缺乏親自實踐的經驗而過度忽略收納機能的重要性，在需求會議中經常簡化家務主要擔當者的真實需求。每次遇到這種狀況，我都會以一個問句將發言主導權交還給家務主要擔當者：「請問家事誰做？」

說得簡單，實踐才是真考驗，尊重家務主要擔當者的需求，才能完成真正好用又舒適的空間。

Point 5 　　　　　**廚房收納大盤點**

執業以來接觸這麼多業主，深深覺得做菜與個人清潔習慣、對細節的在意程度真是因人而異，並且天差地別。 對於用習慣小廚房、個性大而化之、口味也較隨和的人而言，只要有水槽與瓦斯爐，一個小小 60 公分的備餐檯面，洗洗切切、川燙簡單調味，也是健康的一餐；對於在意生熟食、注意細節、對烹飪有獨到鑽研的急性子來說，沒有足夠空間能區分處理生熟食的水槽、工作器具、備菜料理階段的各式器皿與調味瓶罐，以及烹調完成後擺盤出餐的工作空間，怎麼能夠稱為「廚房」？！

「都市田園居」的雙水槽配置，小水槽清洗蔬果，大水槽為主要流理槽，搭配使用很方便。攝影＿李健源

「陸吾書居」水槽前寬度 17 公分的窗台可作爲出菜與待整理碗盤的暫放平台，同時保有餐廳與廚房使用者高度互動的彈性，恢意愉快。攝影＿汪德範

水槽區：快捷取用、瀝水收納最重要

大單槽、大小槽、雙水槽，跟廚房空間大小與使用習慣有關。介意生熟食、水果需要分開洗滌的，大小槽或雙水槽就非常必要。一般來說，考量洗刷中華炒鍋，單槽寬度 70 公分搭配伸縮龍頭就很好用。

有些業主高度在意龍頭出水打到水槽排水孔後噴濺上來的水滴，所以龍頭與水槽款式的搭配就很重要；現今水槽大多配置可以瀝乾廚餘的防蟑大提籠，但有些業主還是偏好不會累積過多廚餘的歐式小提籠。除了龍頭與水槽的選擇外，有些業主習慣水槽周邊平台區域絕不放置任何物品，最好在水槽前方或側邊牆面上配置瀝水收納層架，並且全部都要方便拆卸，讓水槽周邊清潔整理沒有死角；有些業主則以方便快捷取用爲最高原則，最好水槽周邊有各式嵌入式瓶罐收納設計，甚至連同廚餘回收桶、抹布與菜瓜布吊掛等一併整合。

爐台區：思考慣用手和歸位取用的差異

兩側皆有備餐平台的爐台區是最方便從備料、烹飪到出菜的配置。針對爐台區調味料的收納設計，我都會詢問業主做菜時習慣哪一手持鍋鏟？哪一手拿調味罐？哪一手進行調味？使用調味罐的習慣，是喜歡在料理前把所有可能的調味瓶罐都拿出來放在爐台旁，做完菜才全部歸位？還是配合烹調需要使用的時間點才取出特定調味罐，並且調味後即時順手歸位？因應不同的做菜習慣與清潔要求，都有各自適合的調味罐收納方式，比如橄欖油、沙拉油、葡萄籽油等料理用油，雖然對大多數人而言，調味拉籃是很好用的設計，但有些業主確是非常厭惡彎腰取用油品，寧可放在上方吊櫃，順手又好清潔。

碗盤收納：根據分類整理方式而異

有些業主酷愛收集美麗碗盤，廚房空間、預算皆寬裕的前提下，碗盤牆面展示架或做玻璃收納櫃，以碗盤專用分隔架細心整理分類，好看又方便使用；也有許多業主精打細算，完全是以功能導向控制碗盤數量與種類，只要廚具抽屜加一片止滑墊，直接一落一落層疊收納，最不佔空間，經濟有效率。

（左）「最好的時光」廚房即便受限後陽台門的位置，我們還是爭取到爐台區兩側的工作平台，吊櫃下方整道易利勾方便吊掛調味瓶罐架，方便業主取用。攝影__汪德範（右）「浴火鳳凰」利用下拉式五金讓個子嬌小的女主人也方便取用物品。攝影__汪德範

（上）「親子手作宅」搭配建商原本的廚具，因應業主的需要，我們新增了杯盤玻璃收納櫃。攝影＿ KU photography studio（下）「都市田園居」開放式廚房的設計，杯盤展示櫃面向客餐廳空間，以栓木實木製作，簡潔有質感。攝影＿李健源

食材乾貨收納：與購買習慣息息相關

許多人時常輕忽食材乾貨收納這個區塊，主要因為沒有從購買習慣上來做整理。有些人因為喜歡食材新鮮，即便如乾香菇、醬油等，都習慣快吃完才補貨，加上高度依賴冰箱，因此最實際的食材收納規劃是雙門大冰箱，甚至再加上臥式冰櫃；有些人則是怕要用的時候沒有食材，因此有大量囤貨的習慣，一箱箱偏愛的醬油、特定的醋、特價常吃的麵條、私房祕技的香料調味包，針對不同食材需要的溫溼度，進行分類收納，這類使用者就需要依照食材大小輕重、使用頻率，設計合適的乾貨收納櫃搭配容量足夠的冰箱。

五金選用要注意貼近料理習慣

現在的廚具五金種類功能越來越豐富，從最簡易的層板、拉籃、調味拉籃到抽板、鋁抽、轉角小怪、下拉式收納五金，乃至於各式電動感應的抽屜、升降櫃設計，但倘若沒有符合使用者個性或料理習慣，比如業主調味罐很少、喜歡直接放在廚房牆面方便取用，但卻為他設計了調味拉籃；有些業主就是討厭各式拉籃，覺得易卡油污，卻還是幫他配置了以拉籃為主的各式收納五金；有些業主則是討厭吊櫃，覺得太高不好用，但廚具規劃卻還是習慣性幫他配置了整圈的吊櫃。與使用者的習慣偏好相違背，再厲害的廚房也不好用。

「浴火鳳凰」利用爐台區後方的吊櫃下拉五金與抽屜櫃收納乾貨食材，取用方便。攝影＿＿汪德範

「山之圓舞曲」比起高又不實用的吊櫃，業主更重視料理時面對的這片山景，因此廚房全區沒有配置吊櫃，
將收納分散延伸到餐廳的中島區，保有無拘的寬廣景觀。攝影＿汪德範

▶ 關於收納你要思考的是

廚房區的清潔標準與維護習慣，每個人差異極大。其中，特別不善清潔與重視到接近潔
癖的使用者往往在需求會議時會不好意思表露自己的真實狀態，我都會盡量鼓勵業主盡
可能坦誠以對，設計階段了解徹底，針對實際需要費盡思量雖然很累，但絕對勝過完工
後因為不了解而設計不到位，導致頻繁的抱怨與修改，後者是賠了夫人又折兵，最終是
兩敗俱傷。

開放廚房─單向收納中島

解放小廚房，利用中島突破原廚具限制

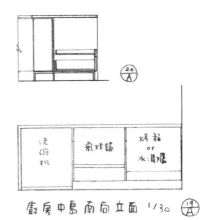

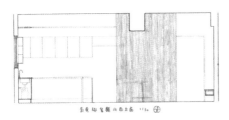

廚房中島南向立面 1/30

使用行爲

餐廳與開放式廚房的關係，不管是在餐桌或吧檯上工作，聚會時一邊做菜一邊招呼朋友，使用上都非常方便有彈性。

設計概念

廚房我們保留建商原本的廚具，L型的淺灰色礦石中島是我們新作的，增加了電器櫃、洗碗機與零食櫃的收納機能，搭配深灰色的馬克杯展示架，好看好用又好收拾。

關鍵細節

1. 收納規劃
中島面對廚房側是電器櫃抽板與洗碗機，最下排的抽屜可以收納食譜、電器相關配件與乾貨。面對餐廳側則是吧檯，滿足屋主在吧檯簡單吃早餐、隨處皆可工作的需求。

開放廚房—雙向收納中島

整合業主興趣需求的廚房分區設計

調味拉籃抽。

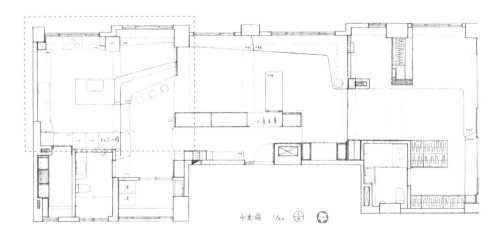

平面圖 1/50

使用行為

廚房區配置搭配使用動線發展，進入廚房後，中島左側是冰箱電器區與乾貨收納小間，食材集中管理；處於核心的中島為綜合備餐台，從食材的準備工作、料理後的擺盤、出餐準備，到外帶餐盒的打包區皆可支援；中島右側是爐台區，雙水槽與大量的料理平台讓一家三口可以一起舒適地進行料理；靠近客廳則是咖啡區，男主人愛喝咖啡，咖啡設備更是多得驚人，義式、賽風壺到手沖都玩，因此特別規劃了一個咖啡區提供他使用。

設計概念

男主人熱愛烹飪，從中餐到西餐、從正餐到點心，這個廚房是專為他設計的實驗遊樂場。

便當工具小抽屜。

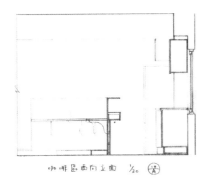

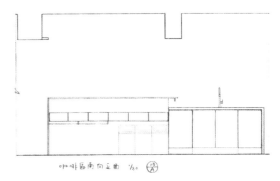

咖啡區西向立面 1/30

咖啡區南向立面 1/30

關鍵細節

Ⅰ. 收納規劃

（1）中島靠廚房入口處的抽屜櫃規劃放置業主大量的環保餐盒與野炊設備。 日後在中島完成料理裝填後，離開廚房選好環保袋直接出門，配合動線的收納讓事情變得清爽。中島靠爐台區則是水槽櫃，左右抽屜櫃收納清潔備品或爐台區延伸的收納支援。

（2）周邊 L 型廚具收納規劃則是順著備餐動線，水槽櫃兩側為電器與洗碗機，為業主特製的抹布抽屜與便當工具小抽則規劃在轉角，不管被餐、爐台、中島都好取用。男主人的料理習慣是做菜前將要用的調味罐全部取出，結束再全部歸位，因此我在爐台區特別設計了調味拉櫃，做菜時只需將調味櫃拉出即可，這樣檯面可以有更多用途，事後也不需要收拾一堆東西。 下方的調味拉籃可放不常用的或是備用調味罐。

（3）咖啡區有專屬的冰箱，吊櫃安裝了下拉式五金方便取用庫存的咖啡豆與沖煮備品；後方 120 公分高的檯面可稍微遮擋在沖煮過程中難免混亂的工作檯面，方便放置杯盤，也有規劃抽屜櫃收納茶葉與沖煮小工具。

彈性中島—單向收納

彈性隔件搭配廚具工作平台的變化型

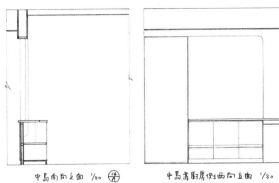

中島南向立面 1/30 ㊢　　　中島靠廚房側西向立面 1/30 ㊢

使用行為

平時可享受開放式廚房的寬敞，大火快炒時又可回復封閉廚房，管控油煙。

設計概念

原廚房空間很小，我們將隔牆改為電器收納檯面與可彈性打開的橫拉門。作為空間主景，揉合女主人給我的印象，正圓半徑弧面做為方正開口部的收邊元素加上粉橘的跳色門板以呼應女主人超理智又帶有一點小浪漫的個性。

關鍵細節

1. 收納規劃
廚房配合建商原廚具，我們只幫忙爭取了電器收納空間，最右側檯面下方掛桿可掛抹布等小物件。

2. 使用彈性
橫拉門關閉時就是封閉式廚房，可以滿足油煙以及風水上的遮擋；全部開啟時變成開放式廚房，工作平台也帶有中島的特性，方便與餐廳的人互動。

彈性開放─雙向收納

電器熱炒分區，簡化廚房動線負擔

輕食電器區。

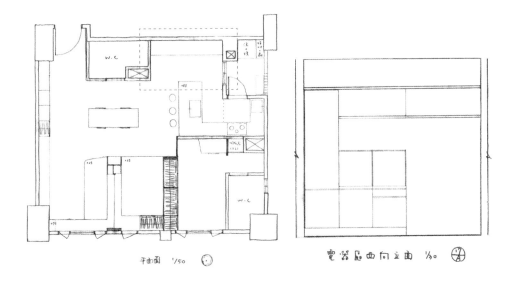

平面圖 1/50

電器區西向立面 1/30

使用行為

廚房分成熱炒區跟輕食電器區，全家人不同使用需求的動線不會重疊，增加廚房寬敞感。

設計概念

超大廚房是女主人展現精湛廚藝的好空間，面對整個開放公共區域搭配客廳入口的鏡牆，一家人隨時可以相互照看，減少親子照護的身心負擔。

關鍵細節

I. 收納規劃

（1）輕食電器區從乾貨調味料囤貨收納櫃、鑄鐵鍋展示台、烤箱、電鍋、回收垃圾箱到雙冰箱，一應俱全。

（2）廚房區，中島面對餐廳有淺櫃收納，支援餐櫃功能；中島面廚房側則是水槽櫃、洗碗機與轉角小怪，可收納鍋具。進入熱炒區有防焰捲簾簡單區隔油煙，熱炒區本身也配置小水槽、爐下三抽與轉角小怪，方便碗盤、鍋具收納。

熱炒區。

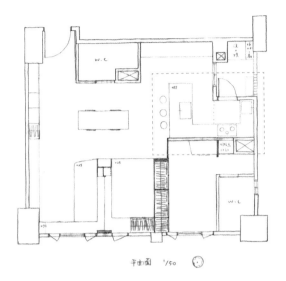

平面圖 '/50

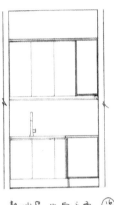

熱炒區 北向立面

熱炒區。

我想吃零食！零食該收在哪裡呢？

零食飲料是討論設計時經常忽略的物件，理性認知大家都知道「吃零食或含糖飲料不好」，尤其家有幼兒的小家庭，但實際生活中不管是強調天然健康的果乾、堅果、海苔、保久乳或是常見的麵包、餅乾、巧克力糖果或一手一手的罐裝飲料，「偶爾吃一點無可厚非啊！」最後客廳茶几或餐桌周邊經常堆放的就是這些「偶爾買一點」的零食飲料。

「大隻好宅」業主熱情好客，客廳備有客用小冰箱與零食櫃，專門提供飲料零食收納。攝影＿汪德範

從訪客頻率、購物行為與儲藏方式思考零食收納

有些業主因為個性或職業的關係，家中訪客頻繁，為了招待朋友、閒聊盡興，零食飲料是餐桌上不可缺少的重要角色，因此穩定零食庫存便成為定期採買的重點。有些業主則喜歡保有自己住家的隱私，除了至親偶爾來訪，家中基本上沒有客人，倘若飲食習慣規律，只吃三餐與水果，基本上就沒有零食收納的需要。

另外，個人購物習慣也很關鍵。有些業主是偶爾想吃零食，才去選購適當的量，因此並無零食飲料收納的需求；有些業主則是習慣將零食飲料全部收在冰箱，因此零食飲料收納的討論方向會變成家電用品的選擇，也許需要冷藏冷凍的雙門大冰箱？或是在客餐廳加放一個飲料零食專用小冰箱，讓廚房動線不要受取用零食影響；有些則是看到喜歡的零食，超市有特價就大量囤貨，或者固定每週、每月補貨，確保家中零食存量，這類業主對於零食飲料收納的需求就非常高。

客用小冰箱上方設計格抽，放置飲料包或小餅乾，一目瞭然。攝影＿＿汪德範

家庭飲食規定決定零食櫃在家中的位置

儲存購物習慣會決定零食收納櫃的大小，業主對於家中各區的飲食規定則會影響零食飲料收納櫃在家中的位置。有些業主只允許食物在餐桌上出現，那麼零食飲料收納櫃一定是在餐廳區域；有些業主可以接受客餐廳都是飲食空間，那零食櫃可能會以隔間腰櫃形式出現在客餐廳中間區域；有些業主很明確表示只在客廳看電影時才吃零食，那麼零食收納櫃就會安排在沙發旁邊，方便取用。

在我的案件中，零食櫃也常與飲料吧檯做整合，檯面提供咖啡機、氣泡水機、冷水壺、熱水瓶放置，第一層淺抽屜收納各式茶包、沖泡飲料包，中下層抽屜則放置各式零食餅乾與無需冷藏的飲品。

我沒有吃零食的習慣，但全家在客廳看電影時分食一包洋芋片或水果乾，空氣中洋溢著一份熱鬧與欣喜，這樣的快樂，好單純。

「山之圓舞曲」的零食櫃結合飲料吧檯區，配置在中島旁，取用十分方便。攝影＿汪德範

「光之居所」的零食櫃則是與餐廳旁的輕食料理平台結合。攝影＿王采元

▶ 關於收納你要思考的是

每次需求會議問到零食收納，都會讓業主驚叫：「對吼！都忘記有零食要收了！我們家
超多的 ……」但認真檢討後，實際需要的收納量真的很有限，因此我經常利用客餐廳動線
中的畸零角落作零食櫃，而不佔用主要收納空間，讓零碎空間解決零碎需求！

零食櫃形式 1

利用畸零空間整合零食收納需求

側拉籃設計才不會擋住沙發的使用。

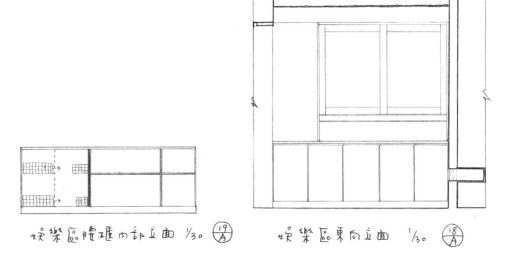

娛樂區腰牆內部立面 1/30. ⑲/A　　娛樂區東向立面 1/30. ⑱/A

使用行為

業主喜歡一邊看電影一邊吃零食，因此零食櫃在沙發旁是最順手的位置。

設計概念

沙發旁的零食櫃，是依照他們一週零食的量，利用窗邊 20 公分的畸零空間來設計。

關鍵細節

I. 收納規劃

考慮業主零食的種類，主要是層板淺櫃收納。一方面，因沙發旁的門片不方便使用，做成側拉籃，未來門上還可加掛籃架，好用又好收。

零食櫃形式 2

利用轉角畸零空間
整合零食茶水
收納功能

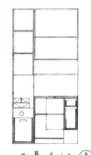

入口雙向櫃兩向立面 1/30

雙向櫃側立面

使用行為

業主希望飲料、零食鄰近餐桌，整體使用最方便。

設計概念

整合在玄關隔間雙向多功能櫃角落，依業主需求設計了咖啡零食角。

關鍵細節

1. 收納規劃
（1）檯面下方有放置零食、飲料備品的開門櫃與雙層抽屜櫃，抽屜櫃上層可以收濾掛包、茶包等沖泡飲料，下層可放零食儲糧。
（2）檯面提供咖啡機、熱水瓶等設備使用，上方層板可放家人常用杯，吊櫃則可放備品。

習慣在家工作嗎？

2020 年以前，「在家工作」只是個人選擇。因著工作類型差異，有些人下班後仍會在家工作到深夜，有些人則是嚴格執行「回到家不碰工作」的鐵律。但在 Covid-19 的疫情影響下，不論喜歡與否，大多數上班族都必須接受「居家上班」這個模式。

「最好的時光」由於業主在家工作內容大多為文書、行政事務，希望公共區域寬敞，因此同意書房區與客廳合併。攝影＿汪德範

（左）「夢想實現的居所」利用客廳連接臥室的角落空間作爲工作區，在空間配置上保有一定程度的隱蔽感，但保持開放工作區，所以不會因小空間而感覺壓迫。攝影＿李健源（右）「如歌的行板」業主因爲有大量線上會議需要，因此將工作區設在主臥，有橫拉門彈性可關，但受限空間大小又不能有壓迫感，因此收納量較低。攝影＿李健源

一般在家工作最大的困擾有兩個，首先是上下班界線模糊。對許多人來說，離開家前往公司的過程，是幫助自己進入工作狀態的儀式，在家工作缺乏儀式感，也許會因爲缺乏自制能力，東摸西摸，遲遲無法進入工作狀態而導致效率不彰；有些人則反而會過度投入工作，因爲失去上下班儀性的區隔，演變成隨時都在加班，生活嚴重失衡，過與不及都讓人感到困擾。其次，倘若家中有學齡前兒童，或是如疫情封城期間，夫妻居家上班，小孩線上課程，家人間很容易不小心互相干擾。重要線上會議壓力已經很大了，卻被家人無意間輪番打擾，心浮氣躁、氣急敗壞，倘若又剛好被主管責罵，會議結束一整個情緒積累負荷太大，很容易擦槍走火造成家庭失和，這是另一個很嚴重的問題。

彈性使用是小住宅的良方

對於人均居住面積在 8 ～ 9 坪以下的住宅空間來說，臥室空間都已經很緊繃，想要隔出一間專用書房更是困難。通常我會建議業主考慮結合客餐廳做開放式書房區，搭配橫拉門或折門的彈性隔件，需要專心工作時才與客餐廳區隔開來，閒暇時全家人可以一起閱讀、玩桌遊，享受寬敞的公共空間，而公共區域隨著彈性隔間開啟或關閉，帶來不同的空間氛圍，也可提供需要的人一份儀式感，對於親子關係緊密的家庭來說是很好的選擇。

至於書房區是否能與臥室合併，則需考量業主自身個性與自制能力。有些人需要實體離開臥室，才能克制賴床的衝動，不然書房區與臥室合併是最容易做到隔音，同時格局上不影響公共區域完整性的方式。只是由於台北市 30 坪以下的房間都偏小，在臥室內的工作區，不管桌面尺寸或者收納工作資料的層架，勢必皆受限空間大小，未必能符合使用者需要。

工作習慣決定需要收納強度

對於習慣筆電工作的人來說，只要有桌面跟插座，網路穩定的地方都可以工作，收納需求較低；而對於研究、依賴紙本資料報表、需要大量參考閱讀書籍的工作者來說，除了足夠深度的書桌、可放資料夾高度的書架、多功能事務機與掃描器等一般工作需要的設備收納架外，還會需要可供堆書、置物的周邊工作平台，而且最好明顯能與其他家人的書桌區域拉出距離，不然很容易被此類工作需求的人佔滿全部桌面。

文具收納也是一個容易忽略的部分，各種不同用途的筆、尺、剪刀、膠台、黏合劑或紙鎮、便利貼等特殊功能文具小物，因爲全家人都需要使用，最好放置在書桌區周邊大家方便拿取的位置。我喜歡結合書架在桌面高度 75 公分下方設計木作抽屜，或是搭配公共區域整體設計的層架，讓業主自行放置各式好看的活動筆筒，同時作爲家中小擺設，都是不錯的選擇。

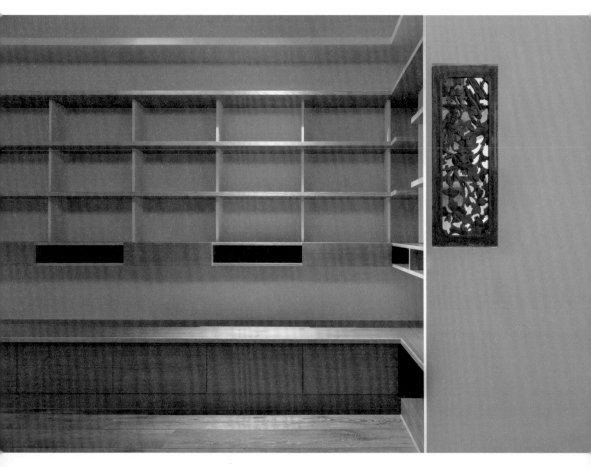

「陸吾書居」男主人的工作區與客餐廳合一，在預定書桌後方設置整道平台就是爲了提供他工作時堆書的需要。攝影＿汪德範

「最好的時光」工作區有設計充
足抽屜可放置辦公文具或相關雜
物。攝影＿汪德範

▶ 關於收納你要思考的是

面對家中有新生兒的夫妻業主，當住宅坪數已經很緊迫，而男主人還想要爭取獨立書房
時，我常會問：「孩子、太太需要你時，這門還關得起來嗎？」彈性隔件的確封閉性沒
有那麼理想，但「讓全家人都享有寬敞的日常空間」——特別對於新手父母而言——對
身心的療癒真的非常重要。

工作區形式 I

強大收納、靈活彈性的百變工作區

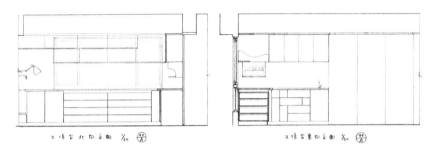

工作台北向立面 1/30

工作台東向立面 1/30

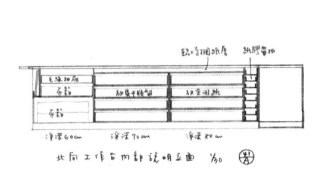

北向工作台內部說明立面 1/30

淨深60cm　淨深70cm　淨深80cm

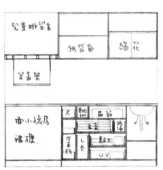

東向工作台內部說明立面 1/30

使用行為

客餐廳、工作區合一，餐桌亦可靈活移動，不管用餐、親子一同工作、或是女主人要進行大件作品時都很方便配合。

設計概念

考慮業主親子關係緊密，利用原空間特性整合所有公共空間（廚房、客廳、工作區），連續大窗，整日採光皆好，微風不斷，非常舒朗。 完全依照他們需求所做的收納規劃，以及各種針對需求而生的彈性式變形設計。

（左）眺望台與美術筆架。（右）紙膠帶抽。

關鍵細節

I. 量體設計

從吧檯看女主人工作區，不難發現兩者是相呼應的斜度，爲的是在這個極長向的住家配置中心區域營造出聚合感。

2. 收納規劃

（1）女主人的工作收納櫃，當初是針對所有物件尺寸一一對應整理成符合美觀的比例分割，AI 的紙、皮跟各式瓶罐材料皆可收入；考量女主人工作需要，設置一個小水槽在此區，方便使用。在工作區收納設計中，特別介紹一下我的紙膠帶抽，女主人一共有四百多捲紙膠帶，爲了方便挑選取用，我利用經濟實惠的滑軌設計了這組紙膠帶抽，全部放滿可容納七八百捲，好收好用又好看。

（2）工作區上方主要是書架層板與放棉花的吊櫃，同時結合了小孩房的秘密眺望台設計。利用眺望台下方的鋼構斜撐設計成美術筆架，剛好放置女主人幾個大筆盒。

3. 彈性使用

我爲他們家設計的橫拉式餐桌，桌面固定在橫拉門板上，配合柱腳的輪子，移動輕巧方便（小朋友亦能推動），可針對不同使用需求立卽調整。 當女主人工作需要正常桌高的桌面時，移到此處，並將後方臥室區的橫拉門半掩，這區就成爲專注手作的工作區。

工作區形式 2

將業主希望快速切換不同身分的需求
轉化爲空間組織

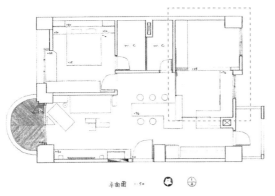

窺孔可方便觀
察幼兒狀況。

使用行爲

剛成爲新手媽媽的女主人因工作性質經常居家辦公，又希望能自己照顧嬰幼兒，
充分陪伴他成長。

設計概念

考慮育兒兼顧工作，精簡便捷的居家動線格外重要，因此我將原屋過小的兩房打
通成一大間，變成孩臥與辦公書房，書房與相鄰的廚房多開一道便門，方便直接
進出無需再繞經餐廳，孩臥有彈性可全關的橫拉門，可彈性調整隱私需求。

關鍵細節

1. 收納規劃
辦公桌面延伸到側牆，台面可放置多功能事務機與資料夾，下方抽屜可收辦公文
具，抽屜下方空間可放置辦公用品耗材；平台上方層板則是收納工作相關書籍，
方便查閱。

2. 使用彈性
（1）女主人在家辦公的工作區，爲方便同時照顧嬰兒，因此將辦公書房與孩臥
結合，同時多開一個便門可直接通往廚房，節省動線，使用上更方便有彈性。
（2）工作區與孩臥面對餐廳採用玻璃拉門，漸層噴砂透光，在正常視線高可滿
足視覺上的阻隔性，但保有彈性觀察房內地板狀況的功能，主要是當時考量嬰兒
進入爬行期後，進出門須留意以防意外發生。
（3）孩臥橫拉門上窺孔的設計，主要是讓照護者可以在最少動作的驚擾下，注
意嬰幼兒睡眠或遊戲的狀況。

工作區形式 3

游走在隱私獨立與連通開放的工作閱讀角

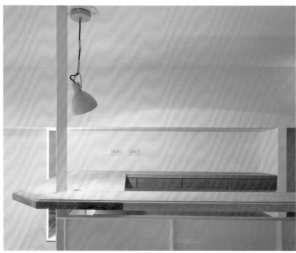

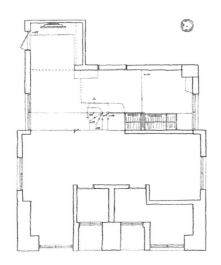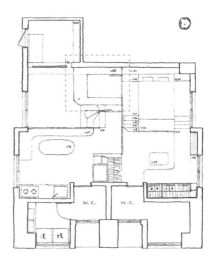

使用行為

在臥室中享有一個獨立工作又可彈性與整個居住空間互動的工作區。

設計概念

原建案即複層式構造，客廳區域與廚房臥室區有 140 公分的高低落差，全屋總高為 400 公分。因此，我們盡量保留公共區域挑高，夾層僅限於臥室部分，並且在當時屋主同意下，做了一個出挑在公共區域上方的工作閱讀角，充分發揮垂直空間的趣味。

關鍵細節

1. 量體設計
從主臥延伸出的小小工作閱讀角，出挑在公共空間中，有種特殊的迷人氛圍，結合結構鐵件的閱讀燈座，搭配喜的燈具讓這個靈動的閱讀區更好看！
2. 收納規劃
一人工作的收納量，側邊有堆書平台可放置進行中的輔助資料，平台下方抽屜可放文具，下方層板可放工作需要的書籍。

化妝與保養

化妝桌像是各家標準配備，只要佈置臥房就習慣買上一張，但眞的好用嗎？人的確很容易適應環境，但若是更在意適性的使用，減少繁雜的堆疊與疲乏重複的收拾工作，好好觀察自己的使用習慣再愼選合適的收納設計家具，避免落入「臥室就該有梳妝檯」這種「標準答案」式的慣性思維中，眞的是非常重要。

化妝與保養，看似很平常的事，個體差異其實非常大。舉凡生理上的慣用手、身高與坐高；個性上的大而化之或注意細節、對時間與行程的掌握能力、空間感知能力、生活雜事記憶能力；個人偏好習慣是站著或坐著化妝、偏好簡單保養或完整妝容、保養化妝品項喜歡簡單或多樣性、特定習慣預留的備品與數量、飾品、化妝與服飾的建構、搭配順序等等，這些都會影響化妝與保養區域在住家空間中的配置及收納設計。

化妝的使用狀態決定梳妝櫃形式

你習慣站著化妝還是坐著化妝呢？在我的客戶中，「站著化妝」的女生其實比例佔七成。與「坐著化妝」的使用狀態與節奏不同，站著化妝的使用者化妝時間多半控制在 5～15 分鐘左右，他們需要的是方便好用的瓶罐收納，打開便一覽無遺；需要自己主動控制彈性可照全身或貼近使用加強臉部妝容的鏡面搭配梳妝櫃；站著化妝的使用者大多數都討厭化妝桌面，因爲沒有使用需求就變會成雜物堆疊平台，還增加了收拾的負擔，甚至會成爲爭執導火線。

相對於站著化妝的簡潔俐落，坐著化妝的使用者往往更重視收納機制，因爲瓶瓶罐罐太多，倘若又沒有順手歸位的習慣，桌上也容易長時間擺滿物品，視覺上很雜亂。因此化妝桌與周邊輔助收納的化妝櫃使用機制，變成爲設計重點。

（上）「理想的午後」女主人習慣站著化妝，因此我利用主臥床頭設計了這款隱藏式側拉化妝櫃。攝影＿林以強（下）側拉抽抽出，各式瓶罐一覽無遺，加上伸縮鏡，就是方便好收拾的站立式化妝櫃。攝影＿林以強

使用習慣影響化妝櫃位置

你習慣化好妝再去選衣服還是選好衣服再化妝呢？時間控管的能力如何？總是衣妝完備從容出門還是最後一刻趕著化妝奪門而出？飾品與圍巾包包等配件是化妝時一併搭配嗎？包包與圍巾等外出用具是放在房間或希望放置在玄關呢？

化妝櫃其實不一定要在臥室。依照每個人的使用習慣與收納偏好，對於「外出用品」不進臥室區的使用者來說，倘若飾品圍巾都需要在化妝時一併搭配，再加上時間掌握度較弱，總是趕出門前化妝，那麼化妝櫃整合在玄關收納就是最合適的設計。有些客戶則是盥洗完成後順便保養，平時不化妝，那麼做好乾濕分離、利用廁所鏡櫃、鄰近收納櫃輔助保養品收納使用，則是最方便的配置。當然，起床保養上妝、睡前卸妝保養是許多使用者的共通習慣，因此臥室的化妝櫃／梳妝檯也還是許多人最方便的配置選擇。

（左）「宿天倪」的女主人習慣坐著化妝，因此在主臥為她設計了收納機能強大的梳妝檯。攝影＿王采元
（右）除了梳妝檯本身的收納抽屜外，前方壁櫃橫拉門內還可以收納備品或大面鏡。攝影＿王采元

備品品項數量是收納關鍵數字

除了經常使用的瓶罐數量與尺寸外，備品囤積習慣其實是很關鍵卻容易忽略的重要部分。不管是保養品或化妝瓶罐，許多使用者都會希望備品可以收在鄰近位置，以防化妝保養進行到一半，需要更換備品時的困窘。

但在空間有限的前提下，備品品項與常備數量就真的是收納設計的關鍵數字了！倘若面膜、保養瓶罐的備品量大，盡量利用化妝櫃／梳妝檯周邊零碎空間做輔助收納設計就很重要。

「山之圓舞曲」女主人化妝保養瓶罐不多，速度快，重點是全家只要有鏡子的地方，他都可以快速進行化妝或保養，因此我為她量身定制這款行動化妝椅。變身前就是一個方便移動的小坐台，變身後的收納功能強大，有專門收戒指、耳環小飾品的五層淺抽屜，也有可收瓶瓶罐罐不同高度的化妝品收納格，坐在上面全家到處皆可化妝，方便好用。攝影__汪德範

▶ 關於收納你要思考的是

大多數人一開始談到需求，都摸不著頭緒，「我就跟一般人一樣啊……沒什麼特別的。」但只要問到化妝／保養習慣，女業主的話匣子就打開了，細細密密的講究，或是對現成梳妝檯的各種抱怨，「所以說每個人還真的都不太一樣呢，是吧！」每個人都是獨特的個體，有著各自的生命歷程與習慣養成，「真誠愛自己」就從看見自身的獨特開始！

玄關直立式化妝櫃

由實際行爲決定配置與細節的化妝櫃設計

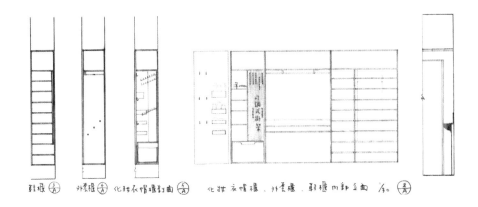

鞋櫃 $\frac{1}{A}$　　外套櫃 $\frac{1}{A}$　　化妝衣帽櫃剖面 $\frac{2}{A}$　　　化妝衣帽櫃、外套櫃、鞋櫃內部立面　1/2。$\frac{2}{A}$

使用行為

在出門前最後一刻打開化妝櫃，上妝配戴飾品，在最短時間內完工出門。

設計概念

女主人習慣站著化妝，且需要整個穿搭完成後才進行，常常在出門前最後五分鐘內完成，因此我將化妝飾品櫃整合在玄關衣帽櫃旁邊，門打開後所有物品一覽無遺，利用鏡門可快速進行化妝、搭配飾品，完成後只需將門關上，一切又回復清爽，出門再匆忙也不用擔心回家後還要面對凌亂。

關鍵細節

1. 收納規劃

（1）開門後利用旁邊鏡門進行上妝工作，門片後方的格架可以放置常用的瓶罐，櫃內大小不同的層板是放置延伸使用的瓶罐、工具或是備品；可依照需要的高度移動調整的掛架則是放置項鍊、手鍊、絲巾或隨身小包等物件，方便搭配。

（2）下方的大抽屜是放置女主人常用的包包，上方則可放置不常用的包包。

主臥隱藏式化妝櫃

彈性涵融極大化的
化妝櫃設計

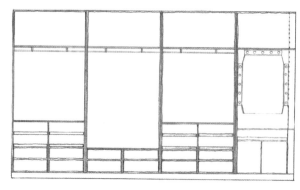

衣櫃內部立面 1/30。 (30/月)

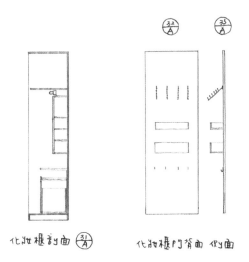

化妝櫃剖面 31/A

化妝櫃門背面 側面

使用行為

使用時將門板打開，面膜、常用的瓶罐、首飾一目了然；關起門，主臥回復原有的清爽安靜。

設計概念

由於女主人站著或坐著化妝皆可，加上她有特定偏好的化妝櫃樣式，為降低對整體空間的影響，我整合在主臥衣櫃區，設計在門板內，是隱藏的驚喜。

關鍵細節

1. 量體設計

女主人指定的化妝櫃設計，燈具由女主人提供，希望能有夢想中好萊塢式的化妝桌設計。

2. 收納規劃

門後是為面膜準備的格架，上下掛架可放置項鍊、手鍊、髮帶等飾品；鏡箱下方檯面可放置常用的瓶罐，鏡箱內可放備品，檯面下還有延伸桌面可抽出。

主臥化妝桌

收納機能強大的角落化妝區

男主人。李妻撮 '/60

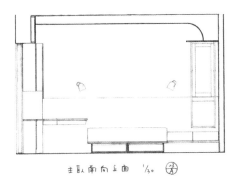

主臥南向立面 1/30

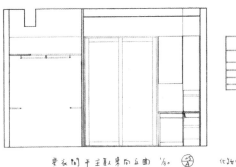

更衣間平主臥東向立面 1/30

化妝收納櫃 1/30

使用行為

利用周圍的畸零空間,坐著化妝時利用伸縮鏡,整個轉角區伸手可及處都是常用化妝用品,方便好拿。

設計概念

完全依照業主化妝、收納習慣,充分利用周邊畸零空間設計的化妝區。

關鍵細節

1. 收納規劃
桌面下抽屜可放眼影眉筆等化妝小用品,桌邊平台則可放女主人常用的瓶罐數量,利用畸零空間的上方壁櫃可放瓶罐備品,左後方的側抽則放置吹風機等較大的用具。

你的衣服習慣用掛的？摺的？捲的？

每次討論到衣物收納，看著我洋洋灑灑的需求提問，業主多很納悶：「不就是衣櫃嗎？大家都一樣啊？拉籃或抽屜有差嗎？衣架掛一掛就解決了，有什麼需要討論的？」殊不知每個人從衣物材質的選擇到收納方式，偏好眞的各不相同。

吊掛、抽屜與拉籃，算是一般常見的收納衣物方式。攝影＿林以強

深度不到 30 公分的淺衣櫃，以類似披掛毛巾的方式進行收納。攝影＿江祐任

拉籃一目了然，抽屜簡單俐落

對於大而化之的人來說，「用衣架吊掛」最省事。在我的需求單提問中，「室內外衣架分不分？是會直接從室外收進衣櫃？還是會讓室外衣架留在室外，收進屋內再換衣櫃專用衣架？」

真的有人是在陽台晾乾衣物後，直接同一個衣架收進衣櫥，因為這樣的處理工序最少、最節省時間；甚至為了貫徹「方便省事」的原則，有業主會捨棄吊掛會變形的衣物、烘乾會縮水的衣物、或選擇無需熨燙的材質。

但還是有很多人選擇衣物不是以「方便省事」為前提，重視材質、衣物的觸感，甚至因為高敏感肌膚而只能接受特定布料，配合各種材質的衣物收納方式就非常多元了，吊掛、掛褲架、拉籃／抽屜，或者是以抽板攤平方式收納衣物。

有些房間過小，標準 60 公分深的衣櫃太佔空間，很容易有壓迫感，我利用掛衣桿或鋼線設計了深度不到 30 公分的淺衣櫃，以類似披掛毛巾的方式進行收納，不管是洋裝、長裙或各式長褲，淺淺一櫃的收納量驚人。

對於在意灰塵細節的人而言，拉籃會有灰塵進入，因此更偏好抽屜；但抽屜缺點是看不到裡面的衣物種類，容易忘東忘西的業主需要以標籤輔助記憶。有些業主會希望能用玻璃抽頭或平台，一目了然。然而玻璃除了必須考慮維護清潔的困擾外（有些業主會在意指紋），強化玻璃在很低的機率會無原因無預警爆裂，為了避免悲劇發生造成衣服或人員受傷，我一般建議儘量不要採用玻璃做抽頭或平台面，倘若業主堅持一定要用，務必加貼玻璃防爆膜或選用強化膠合玻璃，以防萬一。

摺疊與捲收各有對應合適的收納設計

確認抽屜 / 拉籃的選擇後，針對吊掛容易變形的衣物，一般業主的收納方式分為兩派：捲收與摺疊。大多數捲收的方式，會讓衣物一捲一捲直立置於拉籃或抽屜，若習慣捲成統一固定的高度更好，以木作訂製搭配合適抽牆高度的抽屜，更方便找尋取用；摺疊的收納方式，往往一落疊在拉籃或抽屜，若要拿最下面一件，很容易整疊都散亂了。通常面對用摺疊方式整理衣物的業主，我都建議採用抽板，一層高度控制在 3～4 件，因為抽板沒有抽牆，所以很容易從側面取出中間或下方的衣物，依然能維持整齊。

（左）抽板用來放置摺疊好的衣物，一目了然又好拿取。攝影__林以強（右）許多男業主喜歡用格抽整理領帶，一捲一捲整齊擺放，好看又好找！攝影__李健源

深而淺的抽屜可提供特殊衣料平放收納。攝影__李健源

另外，有些特殊材質的衣物不能吊掛也不適合折捲，需要平放，我也會設計特殊的大面抽板或淺抽屜供此類衣物收納。

至於內衣褲、襪子，一般抽屜或格子抽都各有業主喜愛，重點在非開放式，比較防塵。

領帶、袖扣、圍巾、絲巾、腰帶、皮帶、帽飾、披肩等，則受業主重視細節的程度影響，從簡單幾個掛鉤解決到整面展示結合化妝檯的設計，個人化差異太大。

▶ **關於收納你要思考的是**

雖然只是不同整理衣物的方式，但在我的觀察中，喜好捲收、摺疊或能用衣架解決就全部吊掛處理的業主，個性大不相同，生活的節奏差異很大，對我而言是很重要的資訊。

衣櫃設計

許多業主會出於「不好意思」的心情，懷抱著「斷捨離」的夢想，低報自己需要的衣櫃數量；有些則是原本就因爲衣物收納問題而導致夫妻失和，在需求會議中，收納衣物需求量大的一方會迫於主要付款方的壓力而不敢照實提供，到了裝修完工搬家後才發現不夠收，只會衍生更多的不滿與衝突。在我的實務經驗中，成功內化斷捨離成爲心法並且後續能維持的業主大約不到 5%，面對生活各式各樣的繁雜瑣碎，倘若花了大錢完成裝修，卻無法實際落實衣物減量、降低購買頻率、定期整理出清舊衣，造成超過原收納規劃的衣物往家中各處蔓延，反而影響整體家庭環境的空間品質。坦然面對自己真實衣服的收納需求，在設計階段誠實面對、討論出實際可落實的解法，才是對自己、家人與設計師最好的選擇。

倘若業主願意，需求會議階段直接去業主住家看看是最理想的，從實際觀察中可以真實掌握業主衣物的數量、收納維護狀態與可能的限制，對於後續的設計思考很有幫助。

簡單又準確自我評估衣服數量的方法

許多業主對於如何準確描述衣物數量感到頭大，我經常使用的方式是建議以常見的 IKEA 衣櫃大小爲單位，寬 100 公分 × 高 200 公分的櫃體，男女主人的衣服──包含換季衣物──數量大約各有幾櫃？棉被等大型軟件因可規劃放置收納床架下方或衣櫃上方，因此數量另計。此種方式絕大多數的業主都能快速掌握幾乎準確的衣物數量，提供給我參考；至於長輩，我可能會加上傳統常見五斗櫃的尺寸──寬 100 公分、高 100 公分、深 50 公分的抽屜櫃，甚至進一步詢問大約是幾個抽屜的量，方便長輩業主概抓衣物數量，因爲經統整簡化後的量體大小大約是半個衣櫃，對我來說也很方便估量。

釐清主要衣物整理者，根據體型微調衣櫃配置

即便一家四口，往往主要衣物整理者還是集中在一人身上。雖然父母都會希望孩子能練習生活自理，從小養成整理的好習慣，但從我們的角度，不管是掛衣桿高度、習慣收納方式，還是必須要讓主要衣物整理者與家庭成員都方便使用。

我們通常針對身高 160 以下的主要衣物整理者，掛衣桿到地面高度設定爲 185 公分；至於希望孩子能練習自理家務的話，我們會以 90 公分高的掛衣桿爲主，相當於衣櫃下方掛衣桿的高度，這樣不管是大人或小孩都很方便使用。

進行衣櫃設計時，除了了解業主偏好整理衣物的方式外，掌握業主衣物的「眞實」數量、依照成員與生活動線分區配置、門片開啟方式與五金選用皆是成敗關鍵。

「元居」由於小艾從兩歲就開始練習整理自己的衣物，她的房間希望保持幼兒親切的空間尺度，因此我在窗邊設計整排矮衣櫃，掛衣桿 90 公分高，櫃內空間也可放置無印良品的 pp 收納抽屜，因為很輕，當時四歲的小艾很容易自行操作；日後即便進入青春期，pp 收納盒重新安排位置，90 公分的掛衣桿還是可以吊掛正常尺寸的衣物，非常有彈性。攝影＿＿汪德範

倘若小孩房爲和室，我通常會將抽屜或拉籃設計在衣櫃中段，下方還是維持吊衣桿，方便孩子自行使用；而上層的掛衣桿則可彈性支援大人換季衣物或者做物品收納使用，待孩子長大後即可完整使用整個衣櫃。

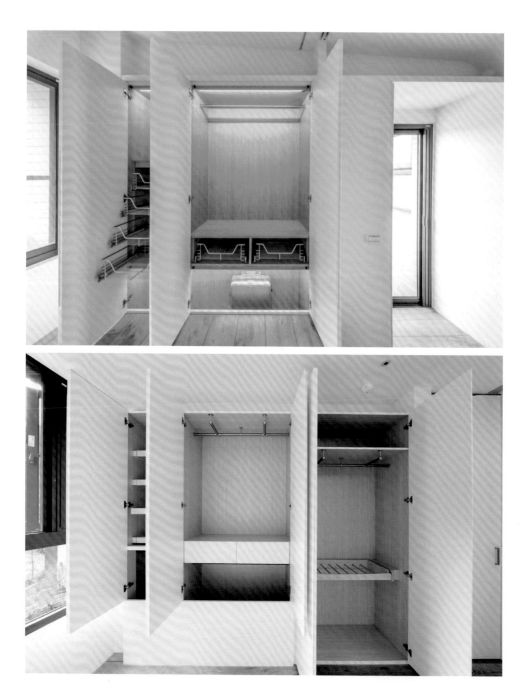

（上）和室旁的衣櫃，下方充分利用架高空間吊掛衣物，中段配置拉藍，上方掛衣桿還可有 100 公分的高度吊掛衣物，因爲站在和室架高平台上使用，因此卽便較嬌小的主要家務擔當者也很方便使用。攝影＿＿汪德範
（下）受限房間大小，倘若不介意站在床上使用衣櫃的業主，往往可以享有最大容量的衣櫃空間，而且掛衣桿高度完全不受身高限制，使用很方便。攝影＿＿王采元

更衣間或衣櫃，到底怎麼選？

大更衣間未必好用，小的更衣間也未必不能用，重點在於是否符合業主的真實收納習慣。污衣櫃、吊掛衣物與捲收、摺疊收納的比例安排適中，善用橫拉門或是不限外開或內推的雙向門，即便一坪半大小的更衣收納小間也可以很好用。

（上）「山之圓舞曲」人均居住面積 25 坪的大空間，主臥便非常適合做更衣間配置。攝影＿汪德範（下）當時規劃還預留了電子衣櫥的位置，搭配其他衣櫃做使用。攝影＿汪德範

（左）「大隻好宅」人均居住面積 11.5 坪，考量業主的個性、生活習慣與偏好，還是幫他爭取了一間小更衣間。攝影＿汪德範（右）更衣間採雙門雙向可開啟，配合生活方便的使用內推或外開。業主收納衣物習慣以吊掛居多，長版上衣或外套很少，因此只預留角落空間吊掛長大衣。攝影＿汪德範

至於衣櫃，可配合空間彈性分區配置，爭取最大收納量。靠近臥室入口就做污衣櫃使用、靠近主臥廁所就做毛巾備品與家居服、貼身衣物收納使用、男女主人衣物收納分區，即便同時著裝更衣，動線也不會互相干擾，若再搭配衣櫃外開門片後方的穿衣鏡，

彈性還可變身更衣小間，使用上更符合小住宅的需要。

掌握業主體型、收整衣物習慣、真實衣物數量，不管是分區的衣物收納櫃或是更衣間，才能在有限的住家空間中盡量整合出好用充足的衣物收納空間。

「無敵景觀退休宅」主臥衣櫥分男女主人兩區，方便區分使用。攝影＿＿汪德範

即便是橫拉門，只要業主接受、位置適合，在動線上不會造成殘影帶來不安全感，就可做成鏡門，一樣方便使用。攝影＿汪德範

「繽紛森活居」主要小更衣間以上下吊掛為主，利用床頭隔間的畸零空間，我藏了
一個小衣櫃放置女主人的長洋裝。攝影＿好姨

▶ 關於收納你要思考的是

「沒有統一的標準答案」要相信自己的獨特性，了解自身實際的偏好，才能提供專屬自
己的需求，讓設計師為你量身打造出適合的衣物收納設計。

衣櫃形式 I

簡潔好收，外觀宛若牆板的衣櫃設計

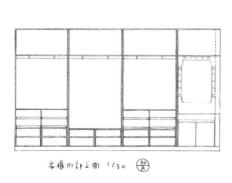

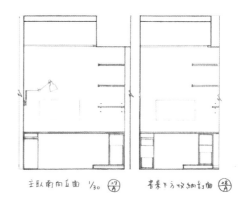

使用行為

方便好掛的衣桿高度，讓喜愛分色吊掛的女主人更好操作；針對不同收整衣物方式設置了抽板與拉籃，取用衣物更方便。

設計概念

考量業主身高、收納衣服的量，整合男主人書桌旁設備、衣物收納與化妝櫃，盡量利用空間的衣櫃設計。

關鍵細節

I. 收納規劃

（1）男主人書桌預留處，側邊因為深度較深幫他做了抽板的設計，日後事務機的位置考量設備尺寸的自由度，因此第一層做活動層板。中間三大格是收納衣櫃，藏有收納式鏡門，可兩個方向使用。

（2）業主習慣以摺疊方式收整衣物，因此設計抽板，一層抽板放 3～5 件衣物，一目了然、方便拿取又不容易亂。T 型掛衣桿，隔天要穿的衣物可掛在最前方，充分利用衣櫃內零碎空間。

更衣間形式 I

充分利用空間的更衣間設計

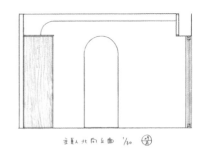

主臥北向立面 1/30

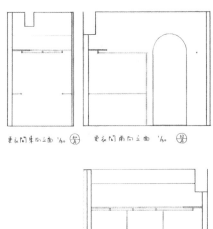

使用行為

更衣間內機能一應俱全，明明小小一間卻有寬敞感。門後還有整面鏡可供使用。

設計概念

為主臥爭取出一間小更衣間，入口門呼應整場的圓弧設計，是個神秘卻舒適的小小空間！

關鍵細節

Ⅰ. 量體設計

「山之間」（見儲藏小間）跟更衣間，是此案業主一直有點擔心的兩個空間，怕太小不好使用之外，也會有壓迫感，但我利用尺度感適當的拿捏以及親切安全的轉角處理，完成之後的空間超乎期待喔！

2. 收納規劃

大量的掛桿搭配大小不同的抽屜設計，上方的層板還可以收納包包，滿足業主衣物的收納量。

Point 11　　　　**喜歡待在浴室嗎？**

越是日常行爲，越容易忽略個人性差異。從如廁習慣到洗臉順序、沐浴時間長短，浴廁空間
其實是個體差異最大但彼此容忍度最高的地方。可能因爲出門在外，不管是求學、辦公、居
住在宿舍、租屋處或與親戚同住，對於浴廁往往只能妥協接受現況，習慣將就，久而久之大
家對於自己的浴廁空間也處於一個高度彈性的適應狀態。但都已經要花錢重新裝修，如果能
仔細想想自己與家人日常如廁、沐浴習慣，事前規劃成適合使用的模式，錢用在對的地方，
大家使用起來更順心，不是一舉數得嗎？

在浴櫃側邊開孔，對應浴櫃內部放置抽取式衛生紙，是簡單又方便的做法，備品也可放在浴櫃中，方便更
換。攝影＿＿汪德範

（上）喜歡在如廁時閱讀，馬桶旁就很適合設計置物平台，保持好拿但不近身的距離，方便清潔整理。攝影＿李健源（下）若空間許可，也可配置小便斗在家用廁所，方便男性使用。攝影＿汪德範

浴室數量以使用時間和人數衡量

到底對一家三到四人的居住單元來說，幾間廁所才夠？其實這個問題的關鍵在於「個人使用廁所的平均時間」。如果家庭成員平均如廁時間一次 5 分鐘以下，沐浴都能在 10 分鐘以內完成，家人間也不介意在沐浴時提供需要的家人共用如廁，那一間浴室就足夠滿足使用；倘若無法共用廁所沐浴及如廁，亦可將如廁空間獨立出來，變成獨立廁所與淋浴間，使用上更靈活。倘若家中有成員如廁時會看書、閱讀雜誌、洗髮沐浴有多道程序，平均使用廁所時間超過 15 分鐘甚至到達一小時，那兩間浴室或一間浴室搭配一間獨立廁所便是必要條件。

如廁習慣影響細節規劃

單純上廁所，就看習慣捲筒式衛生紙 / 抽取式衛生紙 / 平板衛生紙，除了取用順手的位置外，也需要考慮衛生紙備品與衛生棉、衛生棉條、月亮杯等用品儲藏空間，一般來說面盆下方的浴櫃便是很合適的收納區；如廁時習慣閱讀，馬桶周邊就需要配置小書架或書報雜誌架、置物平台，要注意也不能太靠近馬桶，對於在意清潔衛生的業主來說會有整理維護上的煩雜感，不易實際容許書籍放置的狀態。

洗臉／洗手／刮鬍子／刷牙的習慣與面盆區規劃有關

清水洗臉？簡單共用一種洗面乳洗臉？全家人各自用不同的洗面用品？洗臉後習慣直接在浴室進行保養？保養品多寡？

洗手習慣用肥皂？洗手乳？家人因膚質不同用不同功能洗手乳？洗手後習慣有擦手巾？擦手巾更換頻率？洗手完習慣馬上護手？

刮鬍子習慣電動刮鬍刀？手動刮鬍刀？手打刮鬍泡？甚至用習慣的老剪刀？臉需要靠鏡子很近嗎？

全家都在同一件浴室刷牙？普通牙刷搭配共用牙膏？電動牙刷？功能性牙膏因應家庭成員不同牙質需求？牙間刷？牙線？沖牙機？漱口水？舌苔清潔用品？

以上這些習慣差異全部都會影響面盆區周邊的收納設計，習慣越簡單，也許兩層層板就解決全部收納需求；倘若家人間習慣差異大，意味著瓶罐收納的需求多，面盆旁方便取用的收納櫃、鏡櫃等都是必須的收納設計。

面盆區收納量大，整面浴櫃就是很好的選擇。攝影＿＿汪德範

（上）即便廁所很小，利用角形淋浴拉門固定片玻璃的深度，選較深的面盆來搭配鏡櫃，使用上也很方便。鏡櫃下方的不鏽鋼層板可支援需要隨手擺放的小物件，非常好用。攝影＿＿汪德範（下）如果面盆區東西很少，也可設計檯面放置物品，搭配鏡面還有延展空間的效果。攝影＿＿汪德範

（左）若淋浴間緊鄰面盆區，也可設計將乾淨衣物放置在浴櫃的開放格中，減少衛浴五金使用。攝影＿汪德範（右）考量長輩使用的浴櫃設計，面盆下方留出空間，方便日後萬一有輪椅使用的需要。攝影＿汪德範

洗髮沐浴習慣影響置物平台設計

洗澡肥皂？沐浴乳？家庭成員不同的洗護髮用品？瓶罐數量絕對是沐浴間最基本的收納考量。

平均 5 分鐘以內完成的戰鬥澡模式？還是從沐浴、去角質到洗髮、潤髮、護髮，很享受地慢慢洗淨全身，倘若有浴缸再加上泡澡，沒有一小時無法離開浴室的沐浴習慣？甚至泡澡是日常舒壓的方式，還會搭配閱讀、追劇或一杯紅酒？這些行為都意味著不同的收納設計。

浴室是每個人裸裎相對的私密空間，值得花更多時間去探究自身與家人的習慣，打造一個舒適無壓力的解放空間。

（上）長輩習慣日式沐浴方式，一張小凳子，適合高度的置物平台，寬大的淋浴間，即便日後照護需要兩個人使用也很舒適！攝影＿汪德範（下）孩童專用浴室，有大浴缸讓孩子可以玩水，特別選用韓國軟浴缸，撞到不會痛，止滑度也很好。攝影＿李健源

即便是小浴室，也可以享受舒適的泡澡空間。攝影__汪德範

如果空間坪數許可，淋浴搭配浴缸是最完整的沐浴空間規劃。攝影＿汪德範

▶ 關於收納你要思考的是

浴室收納真的非常容易被忽略，即使新成屋沒有打算重新裝修廁所，現在市面上好用的衛浴五金非常普及，從最簡單的毛巾桿、三角籃、置衣架、衛生紙架到結合收納與科技的牙刷消毒燈，真心建議大家好好統整家人使用廁所的習慣，諮詢設計師或專業衛浴廠商，為自己打造一個順手好用的浴廁空間。

浴櫃形式 I

簡單又不簡單的浴櫃設計

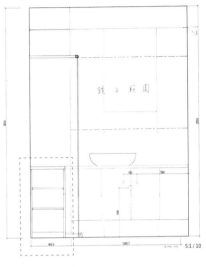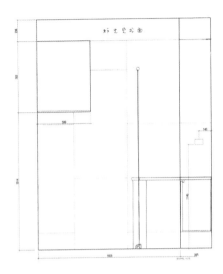

瓶罐收納架。

使用行為

客用廁所。 為了爭取主臥收納空間縮小了主臥廁所，此案的主要使用廁所是客廁，因此全家沐浴用品的收納皆集中在此。

設計概念

洗手檯下方浴櫃收納衛生備品，檯面延伸至淋浴拉門的固定玻璃，在業主的建議下，整合衣物籃與沐浴用品收納，完成了一個美觀但施工難度很高的瓶罐收納架。

關鍵細節

I. 量體設計
男主人為了破除此洗手檯無法對稱的問題，希望找一顆不規則形狀的面盆。在此考量下，我建議乾脆檯面做成斜面，剛好也可以將管道間在平檯內。

2. 收納規劃
面盆下方浴櫃有充足收納衛生備品的空間。淋浴間瓶罐收納，男主人為了視覺上的乾淨，希望做一個層板架嵌在淋浴玻璃中。考慮耐用與清潔，我選用廚具檯面閣石來施作這個開放架，天然石粉比例高，不易變色，質感又好。

Point 12　　**洗晾衣物的習慣**

後陽台，多數人的印象只連結到洗衣機，多數的建商也只劃分小小一區，扣除洗衣機與冷氣室外機後的空間僅容一人作業，是不起眼的家事空間，但我個人非常重視後陽台規劃。

洗晾衣是每個家庭頻繁的例行工作，充足的陽光、足夠的置物平台、可防塵不變形腐爛的清潔備品收納、最好還有一個方便手洗的水槽。有品質的後陽台空間，即便兩天洗一次衣物，家務主要擔當者也會感到舒心。然而絕大多數業主預算不足時，我優先建議業主取消的也是後陽台設計，並非前後矛盾，而是我將重點放在協助業主釐清洗晾衣的習慣，現今後陽台收納其實有許多好用、簡單又耐看的量產五金配件，經濟實惠，只要業主能充分認識自己的習慣，大多皆可找到合適的物件，滿足使用需求。

一週洗衣服的次數與分類

很多業主習慣一個大髒衣籃，全家衣物都丟在一起，要洗衣服的時候再一件一件分開，這其實對於家務主要擔當者而言，是很不舒服也不衛生的作法。我多建議業主，依照自己洗衣分類的習慣，不管是內衣與外衣分開、上衣與褲子分開、衣物與襪子分開、深色與淺色分開、大人與小孩分開或男性與女性分開，可以分 2 ～ 3 個髒衣籃，至少在一開始大家丟髒衣服時就做最粗略的分類，髒內褲與襪子就無需在準備洗衣前花力氣翻找，這是對家務主要擔當者的尊重。

晾衣服習慣拿一件晾一件還是分類晾掛

需要「分類分區晾掛」的習慣比「拿一件晾一件」多了即時分類整理的需求，因此一個彈性可供整理衣物的工作平台就很重要，家務主要擔當者不用一直反覆彎腰找尋同類的衣服，衣物暫時放置在平台上，家務擔當者可以順順地完成分類晾掛，還可以放置不同功能的晾衣架與配件。

電動伸降掛衣架真的非常好用，平時不影響美觀或動線，需要時才降下吊掛衣物；手洗槽搭配工作平台，寬敞的家事空間，做家務也舒服！攝影＿汪德範

室外衣架可否直接掛進室內衣櫃

在意陽台落塵多的業主就無法忍受室外衣架
直接掛進衣櫃，因此就需要工作平台進行
「更換室內外衣架」，同時必須要有分別收
納室外衣架與室內衣架的抽屜。

「都市田園居」考量業
主整理衣物、分類熨燙
的習慣，即便後陽台很
小，我在相鄰的室內角
落爭取了一個家事區，
收進來的衣服可在此做
初步整理與分類，烘衣
機也安置在此，可統整
處理。攝影＿李健源

設備尺寸與洗槽的需求

直立式洗衣機？滾筒式洗衣機？美系洗／烘衣機？日歐韓系／烘衣機？洗脫烘合一？這些不同的設備所需要的空間都不同，除了機體大小本身差異之外，機器周邊因應開門方向或排放棉絮、散熱需要等，必須預留的空間也都不同，倘若是面積有限的後陽台空間，設備尺寸會直接影響收納規劃與晾衣空間，務必慎選。

除了洗衣機外，業主們也常常有手洗需求，一個小洗槽，手洗內衣褲或是私人物品，都非常方便，只是小洗槽往往因為後陽台太小或業主選購美式洗衣機而導致無空間可放，我都會建議業主務必謹慎思考後陽台各設備的優先排序，以滿足真實使用的需求。

（左）「最好的時光」利用後陽台特殊的形狀，我幫女主人在洗衣機旁爭取了一個小巧的手洗槽。攝影＿汪德範（右）小手洗槽下方貼和陽台形狀做櫃子，爭取收納洗劑備品與洗衣機給水的維修空間。攝影＿汪德範

▶ 關於收納你要思考的是

　我很少後陽台的設計案例，但只要後陽台周邊的支援收納、動線規劃做好，搭配現成的後陽台收納配件，一樣可以享有方便的家事空間！

後陽台形式 I

最容易被忽略卻重要的
後陽台收納

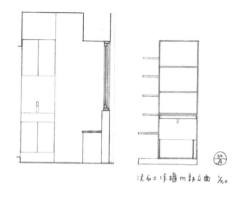

洗衣工作櫃の斷面圖 1/20

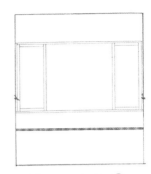

使用行為

洗衣的頻率，曬衣的行為，收拾整理進入室內；放置抹布、拖把等清潔掃除用具都需要順手好收。

設計概念

後陽台空間大多很狹窄，放完洗衣機跟冷氣室外機後僅容轉身，因此我常利用鄰近後陽台的角落做輔助性收納，盡量讓後陽台雜物減少，使用時的空間感受自然清爽。針對屋主洗晾衣物的習慣，配置需要的檯面與小洗槽，讓小小的後陽台空間還是能保有舒適的餘韻。

關鍵細節

1. 量體設計
後陽台雖主要以洗烘衣物為主，但多一個柚木實木休憩平台還是非常重要，誰說不能邊整理衣物邊享受咖啡呢？

2. 收納規劃
手洗槽與彈性可收畚箕拖把或折疊爬梯的角落，上方吊櫃可放曬衣架與清潔備品；鄰近後陽台的室內角落規劃了輔助後陽台的衣物整理櫃，收拾進屋的衣物可在此處分類整理，方便孩子練習一同進行，練習家務。

Column |

常見材質運用 & 優缺點

櫃子內部爲了好清潔整理，我都會使用波麗板，不管是 F3 或無甲醛板，波麗板都有許多花色可供選擇。櫃子門片完成面材質則可搭配金屬沖孔板、烤漆板（日後完成面爲油性噴漆）、實木格柵或貼實木皮加實木封邊。烤漆板或貼實木皮加封邊的門片比較會有變形的疑慮，建議門採用台扣做法，門內外兩側木工與油漆做法務必相同，封板可用噴膠取代白膠以減少水份，降低變形的可能，同時壓門片的時間也要夠長，擺放門片的角度也須注意平衡，最好壓完門片後盡快完成門片安裝與上漆。倘若需要散熱或透氣，金屬沖孔板是很好的選擇，沖孔板有不同的孔洞大小與密度選擇，會影響視覺穿透度，所以需要考慮櫃內物品是否排放會有雜亂的問題。

· 波麗板

櫃體適用，波麗板表面的塑膠皮不耐撞，因此櫃體週圈我習慣封接近顏色的實木線板作收邊，增加耐用度。

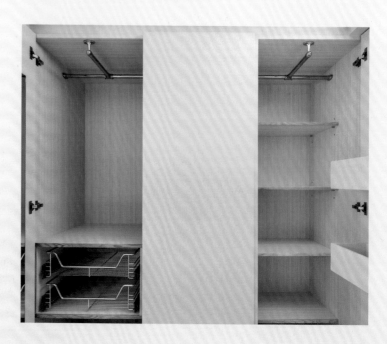

• 烤漆板

門片或木作牆板以台扣做法，完成面選擇之一，使用烤漆板是爲了方便油漆施作油性噴漆。油性噴漆門片光滑好整理，但撞傷修補不易，局部噴漆修補反光處會看出修補痕跡，而且費用較高，因此要謹慎考慮施作位置。

• 貼實木皮加封邊

層板、抽頭、檯面、門片…我設計中常用的木作完成面。特別喜歡選擇鋼刷木皮，厚度較厚，保留木頭紋理觸感又耐用，實木封邊讓木作周邊更經得起歲用的考驗，可以配合實木封邊厚度導各式圓角，質感極佳，但此作法耗時費工，費用較貴。

・金屬沖孔板

以金屬沖孔板加上方形管料作成門片,耐用不變形,透氣又好維護,可以烤漆成需要的顏色,也可用磁鐵吸附。

善用五金收得更簡單

與其選用昂貴的特殊功能五金,我更喜歡靈活運用拉籃、緩衝滑軌、重型滑軌,改變安裝方向或使用邏輯來達成我想要的收納設計,日後即便需要維修更換,也不用擔心買不到或是更換費用太過昂貴,是平價又耐用的好選擇。

・五金 1:重型滑軌

我喜歡在座椅平台作深 100 ～ 120 公分的抽屜,就需要用到三節式重型滑軌,一定要注意滑軌的品牌與載重,才能得到經濟實惠又耐用的好收納抽屜。

· **五金 2**：廚具調味拉籃

廚具的調味拉籃從寬 15 公分到 30 公分（皆為拉籃櫃外徑尺寸）
都有，非常適合用在畸零空間做側拉抽，不管是零食櫃或餐邊小櫃，
都很適合做成側拉抽或者鎖在開門櫃門片後方，充分利用空間。

· **五金 3**：一般衣櫃緩衝滑軌

不管是拉籃、抽屜或者是抽板，針對不同收整衣物的方式施作，都很
好用。

Solution154

不會整理沒關係，揪出收納盲點，不用收的好家設計

作　　者｜王采元
責任編輯｜許嘉芬
美術設計｜Pearl、Sophia
插　　畫｜黃雅方
攝　　影｜汪德範、李健源、林以強、好姨、王采元、Allen Fu、
　　　　　KU photography studio、蔡芳琪
編輯助理｜劉婕柔
活動企劃｜洪擘

發 行 人｜何飛鵬
總 經 理｜李淑霞
社　　長｜林孟葦
總 編 輯｜張麗寶
內容總監｜楊宜倩
叢書主編｜許嘉芬

出　　版｜城邦文化事業股份有限公司 麥浩斯出版
地　　址｜104 台北市民生東路二段 141 號 8 樓
電　　話｜02-2500-7578
傳　　真｜02-2500-1916
E-mail｜cs@myhomelife.com.tw

發　　行｜英屬蓋曼群島商家庭傳媒股份有限公司城邦分公司
地　　址｜104 台北市民生東路二段 141 號 2 樓
讀者服務 電話｜02-2500-7397；0800-033-866
讀者服務 傳真｜02-2578-9337
訂購專線｜0800-020-299（週一至週五上午 09:30 ～ 12:00；下午 13:30 ～ 17:00）
劃撥帳號｜1983-3516
劃撥戶名｜英屬蓋曼群島商家庭傳媒股份有限公司城邦分公司

香港發行｜城邦（香港）出版集團有限公司
地　　址｜香港灣仔駱克道 193 號東超商業中心 1 樓
電　　話｜852-2508-6231
傳　　真｜852-2578-9337
電子信箱｜hkcite@biznetvigator.com
馬新發行｜城邦（新馬）出版集團 Cite（M）Sdn. Bhd.（458372 U）
地　　址｜41, Jalan Radin Anum, Bandar Baru Sri Petaling, 57000 Kuala Lumpur,
　　　　　Malaysia.
電　　話｜603-9057-8822
傳　　真｜603-9057-6622
總 經 銷｜聯合發行股份有限公司
電　　話｜02-2917-8022
傳　　真｜02-2915-6275

製版印刷｜凱林彩印股份有限公司
版　　次｜2023 年 8 月初版一刷
定　　價｜新台幣 499 元

國家圖書館出版品預行編目 (CIP) 資料

不會整理沒關係，揪出收納盲點，不用收的好家
設計 / 王采元作 . -- 初版 . -- 臺北市：城邦文化事
業股份有限公司麥浩斯出版：英屬蓋曼群島商家
庭傳媒股份有限公司城邦分公司發行 , 2023.08
　　面；　公分
ISBN 978-986-408-964-2（平裝）

1.CST: 家庭佈置 2.CST: 空間設計

422.5　　　　　　　　　　　　　　112012462

Printed in Taiwan